仪器分析实验

YIQI FENXI SHIYAN

主　编　　苏学军

副主编　　宗春燕

镇　江

图书在版编目(CIP)数据

仪器分析实验/苏学军主编. —镇江 ：江苏大学出版社，2018. 8
ISBN 978-7-5684-0888-2

Ⅰ. ①仪… Ⅱ. ①苏… Ⅲ. ①仪器分析—实验 Ⅳ. ①O657-33

中国版本图书馆 CIP 数据核字(2018)第 188510 号

仪器分析实验

主　　编/苏学军
责任编辑/李经晶
出版发行/江苏大学出版社
地　　址/江苏省镇江市梦溪园巷 30 号(邮编：212003)
电　　话/0511-84446464(传真)
网　　址/http://press. ujs. edu. cn
排　　版/镇江文苑制版印刷有限责任公司
印　　刷/虎彩印艺股份有限公司
开　　本/718 mm×1 000 mm　1/16
印　　张/9.75
字　　数/155 千字
版　　次/2018 年 8 月第 1 版　2018 年 8 月第 1 次印刷
书　　号/ISBN 978-7-5684-0888-2
定　　价/32.00 元

前言

随着科学技术的进步和人们认识水平的不断提高，现代分析测试技术已成为从事医药、化学、化工、食品、环境、生物等领域研究和生产实践的重要研究手段。仪器分析是采用比较复杂或特殊的仪器设备，研究物质的化学组成、状态和结构的分析测试方法，能为人们认识和改造客观世界提供有用信息。因而，仪器分析课程已成为高等职业院校化学化工类及相关专业的一门必修的专业基础课程之一。

仪器分析实验是仪器分析课程重要的实践教学环节，通过本课程的学习学生能够掌握仪器分析的基本原理和方法，对常用分析仪器能进行规范操作和维护保养，并可借助数据分析软件科学处理实验数据，得出正确结论；经过系统地分析及实践训练，使学生初步具备检验员的基本素质。本教材是在我校多年讲义“仪器分析实验”的基础上扩展补充而成，也是长期教学经验的总结。本着“立足基础，强化能力，突出应用”的目标，教材中既安排有基础实验，以培养学生的基本操作技能；也有设计型、综合型实验，满足创新能力培养的需求。为帮助学生导学，每章均列出知识目标和能力目标，同时每节实验附有相关的讨论题。

本教材由苏学军担任主编，宗春燕担任副主编。全书由高大明主审，并提出了许多宝贵的意见。编写过程中，得到了王立中、王中华、马永刚、吴小林、卞小琴、殷甫祥、曹健、陈祝银的帮助和支持，同时参考了众多专著和文献，在此一并致以衷心感谢。

限于编者水平，书中难免有不妥和错误之处，恳请各位专家、读者批评指正。

编　者

2018 年 7 月

目录

第1章 仪器分析实验基本知识

CHAPTER 1

【知识目标】

了解仪器分析实验室的安全规则及日常管理要求。

熟悉仪器分析实验对水质的要求，样品的采集制备与保存方法。

掌握实验误差的来源和分类、产生误差的原因和影响因素、实验数据的表示方法。

【能力目标】

能对仪器分析实验室进行日常管理。

能根据标准正确采样和保存。

能对分析数据进行处理，做出合理评价并正确填写检验报告书。

1.1 仪器分析实验目的和基本要求

仪器分析实验是一门操作技术复杂、实践性与应用性很强的专业技能训练课程，也是高职高专药学、检验、食品、生物技术及化学化工专业学生的必修课程。仪器分析实验的目的是通过规范的基本操作训练、方案设计、数据记录与处理、谱图解析、实验结果的表述及问题讨论分析，使学生掌握常用仪器的结构、工作原理和仪器性能，掌握仪器分析方法和操作技能，了解各种常见仪器分析技术在科学研究和生产实践中的应用，培养学生理论联系实际、分析问题和解决问题的能力，养成实事求是的科学态度、严谨细致的工作作风，提高学生的科学素养和创新能力。为此，应做到如下几点：

（1）在实验前必须预习本次实验的内容，写好预习报告。应认真阅读教材及相关的理论知识，熟悉实验目的，理解实验原理，并对实验所用仪器的原理、性能、操作规程、注意事项等进行预习，按规定的预习报告格式写出完整的预习报告。

（2）进入实验室后，要严格遵守实验室规则，应先核对仪器的规格和型号以及试剂，详细阅读仪器使用说明书。使用时应小心谨慎，爱护仪器设备，避免损坏。实验过程中发现异常情况或遇到故障应及时排除，本人不能排除时，应立即报告指导教师或工作人员，及时采取措施。

（3）实验过程中要严格按照操作规程规范操作，认真记录实验条件，分析测试的原始数据和实验现象，对于可疑的现象和数据不得随意删改，应认真查找原因，并重新进行测试。

（4）实验结束后要按要求关好水、电、气等各种开关，并把使用的仪器复原。打扫好室内卫生，结束工作、检查合格后，方可离开实验室。

（5）实验后，应按照要求及时写出实验报告。写好实验报告是完成实验的一个必不可少的重要环节。报告应包括以下项目：实验名称、实验日期、方法原理、仪器类型与型号、主要实验步骤或主要实验条件、原始数据及其处理，以及结果、讨论等。

1.2 实验室安全规则

（1）进入实验室后，必须立即穿好工作服，戴上防护用品。严禁在实验室内吸烟、饮食或使用实验仪器代替餐具。禁止玩手机等与实验无关的电子设备。

（2）使用浓酸、浓碱等腐蚀性试剂时，应特别小心，避免溅到皮肤、衣物或其他物品上。配制酸溶液时，应将浓酸注入水中，而不是将水注入浓酸中。

（3）不得将共用试剂拿到个人实验台上。自瓶中取用试剂后，应立即盖好试剂瓶盖。绝不可将取出的试剂或试液倒回原试剂或试液储存瓶内。

(4) 妥善处理无用的或被沾污的试剂。固体弃于废物缸内，不污染环境的液体，用大量水冲入下水道。

(5) 汞盐、砷化物、氰化物等剧毒物品，使用时应特别小心。氰化物不能接触酸，否则生成 HCN（剧毒!）。氰化物废液应倒入碱性亚铁盐溶液中，使其转化为亚铁氰化物，然后直接倒入下水道。H_2O_2 能腐蚀皮肤，接触过化学药品应立即洗手。

(6) 将玻璃管温度计或漏斗插入塞子前，用水或适当的润滑剂润湿，用毛巾包好再插，两手不要分得太开，以免折断划伤手。

(7) 闻气味时应用手小心地把气体或烟雾扇向鼻子。取浓 $NH_3 \cdot H_2O$，HCl，HNO_3 等易挥发性的试剂时，应在通风橱内操作。开启瓶盖时，绝不可将瓶口对着自己或他人的面部。夏季开启瓶盖时，最好先用冷水冷却。如不小心溅到皮肤或眼内，应立即用水冲洗，然后用 5%碳酸氢钠溶液（酸腐蚀时采用）或 5%硼酸溶液（碱腐蚀时采用）冲洗，最后用水冲洗。

(8) 使用有机溶剂（乙醇、乙醚、苯、丙酮）时，一定要远离明火和热源。用后应将瓶塞盖紧，放在阴凉处保存。

(9) 下列实验应在通风橱内进行：

① 制备中反应产生具有刺激性、恶臭或有毒的气体（如 H_2S，Br_2，HF 等）时；

② 加热或蒸发 HCl，HNO_3，H_2SO_4 或 H_3PO_4 等溶液时；

③ 溶解或消化试样时。

(10) 化学灼伤应立即用大量水冲洗皮肤，同时脱去污染的衣服；眼睛受化学品灼伤或异物入眼，应立即将眼睁开，用大量水冲洗，至少持续冲 1 min；如烫伤，可在烫伤处抹上黄色的苦味酸溶液或烫伤软膏。严重者应立即送医院治疗。

(11) 加热或进行剧烈反应时，操作者不得离开操作现场。

(12) 使用电器设备时，应特别细心，切不可用湿的手去开启电闸和电器开关。漏电的仪器不要使用，以免触电。

(13) 使用精密仪器时，应严格遵守操作规程，仪器使用完毕后，将仪器各部分旋钮恢复到原来的位置，关闭电源，拔去插头。

(14) 发生事故时，要保持冷静，采取应急措施，防止事故扩大，如切断电源、气源等，并报告老师。

1.3 试剂的基础知识及水质要求

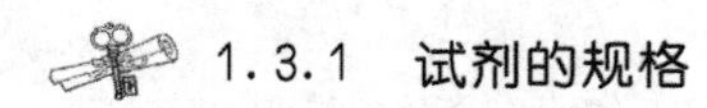

1.3.1 试剂的规格

试剂的分级基本上是根据其所含的杂质多少来划分的，化学试剂标签上通常会注明杂质的含量。国标（GB15346－2012）规定分为三级：优级纯（G. R.）、分析纯（A. R.）、化学纯（C. P.）。另外还有实验试剂（L. R.）、生物试剂（B. R.）、生物染色剂（B. S.）、色谱试剂（C. R.）和光谱纯试剂（S. P.）等，见表1-1。

表1-1 化学试剂等级标志及纯度与用途

名称	英语缩写	瓶签颜色	纯度与用途
优级纯	G. R.	深绿色	纯度高，杂质含量低，适用于科学研究和配制标准溶液
分析纯	A. R.	红色	纯度较高，杂质含量较低，适用于定性、定量分析
化学纯	C. P.	蓝色	质量略低于分析纯，用途同上
实验试剂	L. R.	棕色或其他色	质量较低，用于一般定性分析
生物试剂	B. R.	黄色或其他色	用于生化研究和其他实验
生物染色剂	B. S.	玫红色	用于生物组织学、细胞学及微生物染色
色谱试剂	C. R.	绿色、红色、蓝色	色谱分析时使用的标准试剂
光谱纯试剂	S. P.	绿色、红色、蓝色	纯度比优级纯高，用于光谱分析和标准液的配制

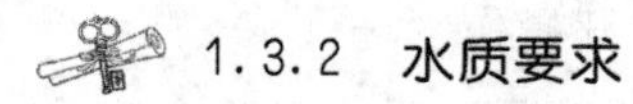

1.3.2 水质要求

分析实验室用于水溶解、稀释和配制溶液的水都必须先经过纯化。分析要求不同，对水质纯度的要求也不同。故应根据不同要求，采用不同纯化方法制得纯水。

一般实验室用的纯水有蒸馏水、二次蒸馏水、去离子水、无二氧化碳蒸馏水、无氨蒸馏水等。

根据国家标准 GB/T 6682—2008《分析实验室用水规格及试验方法》的规定，分析实验室用水分为三个级别：一级水、二级水和三级水。分析实验室用水应符合表 1-2 所列规格。

表 1-2 分析实验室用水规格

指标名称	一级	二级	三级
pH 值范围（25 ℃）			5.0～7.5
电导率（25 ℃）/(mS/m)	≤0.01	≤0.10	≤0.50
可氧化物质含量（以 O 计）/(mg/L)		≤0.08	≤0.40
吸光度 *A*（254 nm，1 cm 光程）	≤0.001	≤0.01	
蒸发残渣（105 ℃±2 ℃）/(mg/L)		≤1.0	≤2.0
可溶性硅（以 SiO_2 计）/(mg/L)	≤0.01	≤0.02	

注：① 由于在一级水和二级水的纯度下，难于测定其真实的 pH 值，因此对一级水和二级水的 pH 值不做规定。

注：② 由于在一级水的纯度下，难于测定可氧化物质和蒸发残渣，对其限量不做规定，可用其他条件和制备方法来保证一级水的质量。

一级水用于有严格要求的分析实验，包括对颗粒有要求的实验，如高效液相色谱用水。一级水可用二级水经过石英设备蒸馏或离子交换混合床处理后，再经 0.2 μm 微孔滤膜过滤来制取。

二级水用于无机痕量分析等实验，如原子吸收光谱分析用水。二级水可用多次蒸馏或离子交换等方法制取。

三级水用于一般化学分析实验。三级水可用蒸馏或离子交换等方法制取。

实验室使用的蒸馏水，为保持纯净，蒸馏水储存容器要随时加塞，专用虹吸管内外壁均应保持干净。蒸馏水瓶附近不要存放浓 HCl，$NH_3 \cdot H_2O$ 等易挥发试剂，以防污染。通常用洗瓶取蒸馏水。用洗瓶取水时，不要取出其塞子和玻管，也不要把蒸馏水瓶上的虹吸管插入洗瓶内。

通常，普通蒸馏水保存在玻璃容器中，去离子水保存在聚乙烯塑料容器中。用于痕量分析的高纯水，如二次亚沸石英蒸馏水，则需要保存在石英或聚乙烯塑料容器中。

1.4 样品的采集与保存

任何分析工作都不可能对全部待分析对象进行测定，一般是通过对全部样品中一部分有代表性的样品的分析测定，来推断被分析对象总体的性质。因此，所谓采样就是从整体产品中抽取一部分有代表性的样品进行检验的过程。

1.4.1 采样的原则

正确采样应遵循两个原则：一是采集的样品要均匀，具有代表性，能反映全部样品的组分、质量和卫生状况；二是采集的过程中要设法保持原有的理化指标，防止成分逸散或带入杂质。

1.4.2 各类样品的采样

(1) 气体样品

压下采样：用一般吸气装置，如吸筒、抽气泵，使瓶内产生真空，自由吸入气体试样。

气体压力高于常压采样：可用球胆、盛气瓶直接盛取试样。

气体压力低于常压采样：先将取样器抽成真空，再用取样管直接进行取样。

(2) 液体样品

装在大容器中的液体试样的采样：采用搅拌器或用无油污、水等杂质的空气，深入到容器底部充分搅拌，然后用内径约 1 cm、长 80～100 cm 的玻璃管在容器的各个不同深度和不同部位取样，经混匀后供分析。

密封式容器的采样：先放出前面一部分弃去，再接取供分析的试样。

一批中分几个小容器分装的液体试样的采样：先分别将各容器中的试样混匀，然后按该产品规定取样量，从各容器中取近等量试样于一个试样瓶中，混匀供分析。

水管中样品的采样：应先放去管内静水，取一根橡皮管，其一端套在水管上，另一端插入取样瓶底下部，在瓶中装满水后，让其溢出瓶口少许即可。

河、池等水源中采样：在尽可能背阴的地方，离水面以下 0.5 m 深度，离岸 1～2 m 采取。

(3) 固体样品

粉状或松散样品的采样：如精矿、石英矿、化工产品等其组成较均匀，可用探料钻插入包内钻取。

金属锭块或制件样品的采样：一般可用钻、刨、切削、击碎等方法，按锭块或制件的采样规定采取试样。如无明确规定，则从锭块或制件的纵横各部位采取。如送检查单位有特殊要求，可协商采取。

大块物料样品的采样：如矿石、焦炭、块煤等，不但组分不均匀，而且其大小相差很大。所以，采样时应以适当的间距，从各个不同部分采取小样，原始样品一般按全部物料的千分之一至万分之三采集小样，对极不均匀的物料有时取五百分之一，取样深度在 0.3～0.5 cm 处。

颗粒状样品（如粮食、奶粉等）采样：应按照不同批号分别进行采样，每一包装必须由上、中、下三层取出三份检样，把这些检样混合，用四分法得平均样品。

1.4.3 样品的保存

采集的样品应在短时间内进行分析，尽量当天采样当天分析。对于不能及时分析的样品应妥善保存。由于物理、化学及微生物的作用，样品在存放过程中可能会发生变化，所以在样品存放时应力求被测组分不损失、不被污染。如应避免被测组分的挥发、容器及共存固体悬浮物的吸附，防止共存物之间发生化学反应，避免由于微生物引起的样品分解等。应根据样品的性质、检测目的和分析方法，选择适当的样品保存方法。常用的保存方法有三种：

密封保存法：将采集的样品存放于干燥洁净的容器中，加盖封口或用石蜡封口，防止空气中的氧气、水、二氧化碳等对样品的作用，以及挥发性成分的损失等。

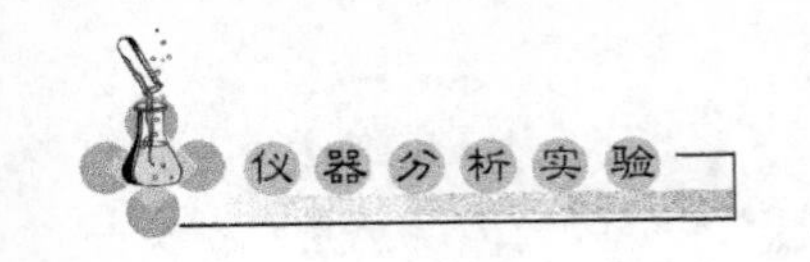

冷藏保存法：对于易变质、含挥发性组分的样品，采样后应冷冻或冷藏保存。该方法特别适用于食物和生物样品的保存，因为低温可减缓样品中各组分的物理、化学变化，抑制酶的活性及细菌的生长和繁殖。

化学保存法：在采集的样品中加入一定量的酸、碱或其他化学试剂作为调节剂、抑制剂或防腐剂，用以调节溶液的酸度，以防止发生水解、沉淀等化学反应，抑制微生物的生长等。如为了防止水样中重金属离子的水解、沉淀，常加入少量硝酸调节酸度；测定氰化物、挥发性酚时，常加入氢氧化钠使其生成盐；测定食物样品时，常加入苯甲酸、甲醛等防腐剂，防止样品腐败变质。

总之，样品在保存期间应防止受潮、风干、变质，保证样品的外观和化学组分不发生变化。分析结束后的剩余样品，除易腐败变质的样品不予以保留以外，其他样品的保存期为 1 个月，以备复查。

1.5 实验数据的误差分析

人们对自然现象的研究总是通过对有关物理量的测量来进行的。然而，由于方法与实验设备的局限及周围环境的影响，即使是很熟练的分析工作者，采用最完善的分析方法和最精密的仪器，对同一个样品在相同的条件下进行多次平行测量，其结果也不会完全一样，实际观测值和真值之间总是存在一定的差异，这种差异就是误差。测量的误差愈大，结果愈不可靠；误差愈小，结果愈可靠。很大的测量误差，会使结论毫无科学价值，甚至导致错误的结论。因此，对测量结果一定要进行可靠性判断，并设法提高结果的可靠性。

1.5.1 误差的基本概念

1.5.1.1 真值与平均值

真值是待测物理量客观存在的确定值，也称理论值或定义值。通常真值是无法测得的。若在实验中测量的次数无限多，根据误差的分布定律，正负误差的出现概率相等，再细致地消除系统误差处理，将测量值加以平均，可以获得非常接近于真值的数值。但是实际中测量的次数总是有限的。用有限测量值求得的平均值只能是近似真值，常用的平均值有下列几种：

（1）算术平均值

算术平均值是指测量值的总和除以测量次数所得到的商值。

设 $x_1, x_2, \cdots, x_n$ 为各次测量值，n 代表测量次数，则算术平均值为

$$\bar{x} = \frac{x_1 + x_2 + \cdots + x_n}{n} = \frac{\sum_{i=1}^{n} x_i}{n}$$

算术平均值与每个测量值均有关系，能全面地反映整个测量值的平均测量水平和综合特性，因此一般情况下它的代表性是较高的，但是易受到一些极端数据的影响。

（2）几何平均值

几何平均值是将一组 n 个测量值连乘并开 n 次方求得的方根值。即

$$\bar{x} = \sqrt[n]{x_1 \cdot x_2 \cdots x_n}$$

（3）均方根平均值

$$\bar{x} = \sqrt{\frac{x_1^2 + x_2^2 + \cdots + x_n^2}{n}} = \sqrt{\frac{\sum_{i=1}^{n} x_i^2}{n}}$$

（4）对数平均值

在化学反应、热量和质量传递中，其分布曲线多具有对数的特性，在这种情况下表征平均值常用对数平均值。

设两个量 x_1，x_2，其对数平均值

$$\bar{x} = \frac{x_1 - x_2}{\ln x_1 - \ln x_2} = \frac{x_1 - x_2}{\ln \frac{x_1}{x_2}}$$

应指出，变量的对数平均值总小于算术平均值。当 $x_1/x_2 \leqslant 2$ 时，可以用算术平均值代替对数平均值。

以上介绍各平均值的目的是要从一组测定值中找出最接近真值的那个值。在科学研究中，数据的分布较多属于正态分布，所以通常采用算术平均值。

1.5.1.2 误差的分类

根据性质和产生的原因，误差一般分为三类：

(1) 系统误差

在同一测量条件下，多次重复测量同一量时，测量误差的绝对值和符号都保持不变；或在测量条件改变时，按一定规律变化的误差，称为系统误差。系统误差是由固定不变的或按确定规律变化的因素造成的，当改变实验条件时，就能发现系统误差的变化规律。系统误差产生的原因：测量仪器不良，如刻度不准、仪表零点未校正或标准表本身存在偏差等；周围环境的改变，如温度、压力、湿度等偏离校准值；由实验方法本身或理论不完善而导致的误差；实验人员的习惯和偏向，如读数偏高或偏低等引起的误差。针对仪器的缺点、外界条件变化的影响、个人的偏向，完善实验方法，待分别加以校正后，系统误差是可以清除的。

(2) 随机误差

在已消除系统误差的一切量值的观测中，所测数据仍在末一位或末两位数字上有差别，而且它们的绝对值和符号的变化时大时小，时正时负，没有确定的规律，这类误差称为随机误差或偶然误差。随机误差产生的原因不明，因而无法控制和补偿。但是，倘若对某一量值作足够多次的等精度测量，就会发现随机误差完全服从统计规律，误差的大小或正负的出现完全由概率决定。因此，随着测量次数的增加，随机误差的算术平均值趋近于零，所以多次测量结果的算数平均值将更接近于真值。

(3) 过失误差

所谓过失误差是指明显歪曲测量结果的误差，又称疏忽误差。过失误差是由于实验者在测定过程中犯了不应有的错误而引起的，如粗心大意看错读数、记录数据错误，或实验条件尚未满足就匆忙实验及计算错误等。此类误差无规律可循，只要多方警惕，细心操作，过失误差是可以完全避免的。发生这类差错的实验结果必须给予删除。

1.5.1.3 精密度、准确度和精确度

反映测量结果与真实值接近程度的量，称为精度（亦称精确度）。它与误差大小相对应，测量的精度越高，其测量误差就越小。“精度”应包括精密度和准确度两层含义。

（1）精密度

精密度是指在相同条件下进行多次测定，其结果相互接近的程度，是对同一个样品的多次测定结果的重现性指标。它反映偶然误差的影响程度，精密度高就表示偶然误差小。

（2）准确度

测量值与真值的偏移程度称为准确度。它反映系统误差的影响精度，准确度高就表示系统误差小。

（3）精确度（精度）

它反映测量中所有系统误差和偶然误差综合的影响程度。

在一组测量中，精密度高的准确度不一定高，准确度高的精密度不一定高，但精确度高，则精密度和准确度都高。

为了说明精密度与准确度的区别，可用下述打靶例子来说明，如图 1-1 所示。

图 1-1（a）表示精密度和准确度都很好，则精确度高；图 1-1（b）表示精密度很好，但准确度却不高；图 1-1（c）表示精密度与准确度都不高。在实际测量中没有像靶心那样明确的真值，而是设法去测定这个未知的真值。

学生在实验过程中，往往满足于实验数据的重现性，而忽略了数据测量值的准确程度。绝对真值是不可知的，人们只能制定出一些国际标准作为测量仪表准确性的参考标准。随着人类认识运动的推移和发展，可以逐步逼近绝对真值。

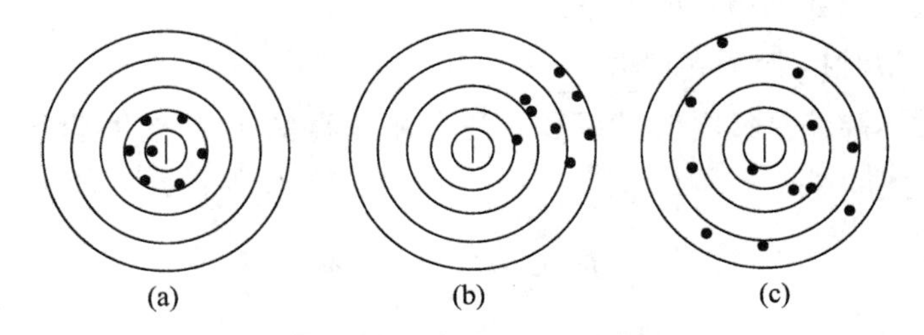

图 1-1　精密度和准确度的关系

1.5.1.4　精密度的表示

对于次数有限（$n<20$）的测量，常用以下几种方法表示精密度。

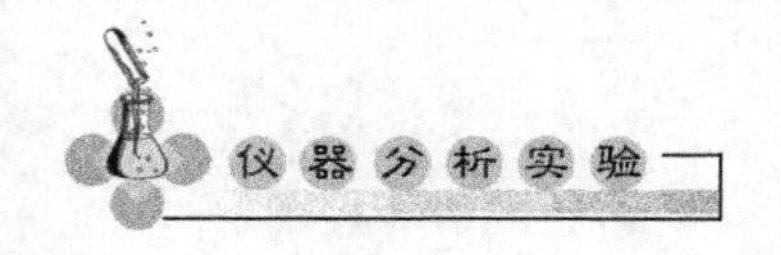

(1) 极差 R

极差也叫范围误差，是指一组测量数据中最大值（X_{max}）和最小值（X_{min}）之差，它表示测量误差的范围。

$$R=X_{max}-X_{min}$$

极差因为没有利用测量的全部数据，所以精确性较差，但是计算简便，因此常应用于快速分析中。

(2) 平均偏差 $\overline{d}$ 和标准偏差 S

平均偏差指各个测量值的绝对偏差的绝对值的平均值，即

$$\overline{d}=\frac{|d_1|+|d_2|+\cdots+|d_n|}{n}=\frac{\sum|d_i|}{n}$$

对有限次测量而言，标准偏差（S）定义为

$$S=\sqrt{\frac{\sum_{i=1}^{n}(x_i-\overline{x})^2}{n-1}}=\sqrt{\frac{\sum d_i^2}{n-1}}$$

式中，X_i 为测量值；$\overline{X}$ 为测量平均值；n 为测量次数；d_i 为每次测量的偏差。

平均偏差的缺点是无法表示出各测量值之间彼此符合的情况。例如，有两组测量值分别为甲组：2.9，2.9，3.0，3.1，3.1；乙组：2.8，3.0，3.0，3.0，3.2。在甲组测量值中偏差相互接近，而在乙组测量值中偏差则有大有小，它们的平均偏差完全相同，但标准偏差不一样，表明这两组数据的离散程度不同。由此可见，标准偏差（S）比平均偏差（$\overline{d}$）能更好地反映一组数据精密度的好坏。

(3) 相对标准偏差 RSD

相对标准偏差又叫变异系数，是指标准偏差（S）与测量结果平均值（X）的比值，即

$$RSD=\frac{S}{X}\times100\%$$

相对标准偏差能把标准偏差与所测的量联系起来，故在估计测量值的离散程度上，用变异系数取代相对平均偏差更合适。

1.5.2 仪器分析实验数据处理方法

数据处理是指从获得数据开始到得出最后结论的整个加工过程，包括数据记录、整理、计算、分析和绘制图表等。数据处理是实验工作的重要内容，涉及的内容很多，这里仅介绍一些基本的数据处理方法。

1.5.2.1 列表法

列表法是表达实验结果最直接的一种方法。对一个物理量进行多次测量或研究几个量之间的关系时，往往借助于列表法把实验数据列成表格。其优点是，使大量数据表达清晰醒目、条理化，易于检查数据和发现问题，避免差错，同时有助于反映物理量之间的对应关系。所以，设计一个简明醒目、合理美观的数据表格，是每一个同学都要掌握的基本技能。

列表没有统一的格式，但所设计的表格要能充分反映上述优点，应注意以下几点：

① 各栏目均应注明所记录的物理量的名称（符号）和单位；

② 栏目的顺序应充分注意数据间的联系和计算顺序，力求简明、齐全、有条理；

③ 表中的原始测量数据应是正确反映的有效数字，数据不应随便涂改，确实要修改数据时，在原来数据上画条杠，并在修改后的正确数据旁签名以备随时查验；

④ 对于有函数关系的数据表格，应按自变量由小到大或由大到小的顺序排列，以便于判断和处理。

1.5.2.2 图解法

实验数据图解法就是将整理得到的实验数据或结果标绘成描述因变量和自变量的依从关系的曲线图。该法可使测量数据间的关系表达得更为直观，能清楚地显示出数据的变化规律：极大、极小、转折点、周期性、变化速率和其他特性，准确的图形还可以在不知数学表达式的情况下进行微积分运算。例如，用滴定曲线的转折点（一次微商的极大）求电位滴定的终点以及用图解积分法求色谱峰面积等。因此，图解法应用广泛。实验结果处理中，图解法应遵循以下几个原则：

（1）坐标纸的选择

作图首先要选择坐标纸。坐标纸分为直角坐标纸、单对数或双对数坐标纸、三角坐标纸和极坐标纸等几种，其中最常用的是直角坐标纸。若一个坐标是测量值的对数，则要用单对数坐标纸，如直接电位法中电位与浓度曲线的绘制；若两个坐标都是测量值的对数，则要用双对数坐标纸，如电位法中连续标加法用特殊的格氏（Gran）图纸来作图求解。

（2）坐标标度的选择

① 习惯上横坐标表示自变量，纵坐标表示因变量；

② 要能表示全部有效数字；

③ 坐标轴上每小格的数值应方便易读，且每小格所代表的变量应以1，2，5的整数倍为好，不应为3，7，9的整数倍；

④ 坐标的起点不一定是零；而从略低于最小测量值的整数开始，可使坐标纸利用得更充分，作图更紧凑，读数更精确；

⑤ 直角坐标的两个变量全部变化范围在两轴上表示的长度要相近，以便正确反映图的特征，坐标标度的选择应使直线与 x 轴成45°夹角。

（3）图纸的标绘

① 各坐标轴应标明其变量名称及单位，并每隔一定距离即标明变量的分度值，注意标记分度值的有效数字应与测量数据相同。

② 标绘数据点时，可用符号代表⊙，它的中心点代表测得的数据值，圆的半径代表测量的精密度。若在同一张坐标纸上同时标绘几组测量值，则各组要用不同符号表示，如·、⊕、⊙、Δ等，并在图上对这些符号进行说明。

③ 绘图时，若两个量呈线性关系，按点的分布作一直线，所绘直线应尽量接近各点，但不必通过所有点，应使数据点均匀分布在线的两旁，且与曲线的距离应接近相等；若绘制曲线，要求曲线光滑均匀，细而清晰，可用曲线板绘制，如有条件鼓励用计算机作图。

1.5.2.3 数学方程法

数学方程法是将实验数据绘制成曲线，与已知的函数关系式的典型曲线（线性方程、幂函数方程、指数函数方程、抛物线函数方程、双曲线函数方程等）进行对照选择，然后用图解法或者数值方法确定函数式中的各种常数。所得函数表达式是否能准确地反映实验数据所存在的关系，应通过检验加以确认。其中，常用的是直线方程拟合的方法：直线方程的基本形式是 $y=ax+b$，直线方程拟合就是根据若干自变量 x 与因变量 y 的实验数据确定 a 和 b。其中通过最小二乘法确定的系数为

$$a=\frac{n\sum x_i y_i-\sum x_i\sum y_i}{n\sum x_i^2-\left(\sum x_i\right)^2}$$

$$b=\frac{\sum y_i}{n}-a\frac{\sum x_i}{n}$$

建立回归方程的目的并不在于由 x 推测出 y，恰恰相反，是从 y 推测出 x。只有在两个变量 x 和 y 的关系极其密切时，才能根据回归方程进行推测。在统计学上用相关系数 r 作为两个变量之间相关关系的一个量度，相关系数 r 的计算公式如下：

$$r=\frac{\sum(x_i-\bar{x})(y_i-\bar{y})}{\sqrt{\sum(x_i-\bar{x})^2\sum(y_i-\bar{y})^2}}$$

相关系数 r 表示数据与直线之间的符合程度，r 的数值介于 0 与 ±1 之间，$|r|$ 的值越接近于 1，表示各实验点越靠近回归线；当 $|r|=1$ 时，说明两个变量之间完全线性相关，当 $|r|=0$ 时，两个变量之间完全无关。

目前，运用计算机将实验数据结果回归为数学方程已成为实验数据处理的主要手段。

1.6 仪器分析检验报告单的填写

检验报告是质量检验的最终产物，其反映的信息和数据必须客观公正、准确可靠，填写要清晰、完整。检验报告的质量不仅能反映出检测机构的管理水平、技术水平和服务水平，而且还关系到一个产品乃至一个行业的生死存亡。质量检验部门通过质量检验，获取准确的检测数据，掌握该样品的质量信息，并通过检验结果报告的形式反映出来。不同的分析任务，对分析结果准确度的要求不同，平行测定次数与分析结果报告也不同。

我国在2005年发布了实验室检验通用文书，除了规定报告的内容外，对抽样单、抽样原始记录、拒检认定书也做了统一的格式。

1.6.1 原始记录的填写

检验原始记录是出具检验报告书的依据，是进行科学研究和技术总结的原始资料，为保证样品检验工作的科学性和规范性，检验记录必须做到：记录原始、真实，内容完整、齐全，书写清晰、整洁。

检验原始记录是检验工作运转的媒介，是检验结果的体现，检验原始记录必须如实填写检验日期，检测环境的温度、湿度，检验依据的方法、标准，使用的仪器、设备，检验过程的实测数据、计算公式，检验结果等。最后报值的单位要与标准规定的单位相一致。检验原始记录的填写，必须按照检验流程中的各个实测值如实认真填写，字迹清楚无涂改。如果确有必要更正的，可以用红笔划改，但必须有划改人的签字。填写完整后，由检验员、审核人签字，出具检验结果。

1.6.2 分析报告的填写

一份完整的检验报告由正本和副本组成。提供给服务对象的正本包括检验报告封皮、检验报告首页、检验报告续页三部分；作为归档留存的副本除具有上述三项外，还包括真实完整的检验原始记录、填写详细的产（商）品抽样单、仪器设备使用情况记录等。正确出具检验结果报告，要注意以下几点：

（1）检验报告封皮

检验报告封皮应具有以下内容：报告编号，产品编号，生产、经销、委托单位名称，检验类别，检验单位名称，检验报告出具日期等。

（2）检验报告首页

被检产品的详细信息及检验结论一般在首页填写，这是食品检验结果报告的关键内容，也是被检企业最为关心的信息。

被检产品的信息包括：产品名称，受检单位、生产单位、经销单位、委托单位名称，检验类别，产品的规格型号、包装、商标、等级，所检样品数量、批次、到样日期等。监督检验的产品要填写抽样地点、抽样基数；委托检验的还要填送样人等。检验报告首页显示的产品信息要与检验报告封皮显示的信息相一致。最为关键也最为重要的信息是检验项目、判断依据以及检验结论，要在检验报告首页醒目位置显示。对产品的检验结果进行判断时，以该产品明示的标准为依据。检验结论要根据实验检测情况填写共检几项、合格几项、不合格几项。所检项目全部合格，填写所检项目符合标准要求即该产品所检项目合格；所检项目只要有一项不合格即可判定该产品不合格。全项检验填写综合判定该产品符合或不符合标准要求。

(3) 检验报告续页

检验结论的综合判定，来源于各检验项目的单项判定。在检验报告续页中，对每一个检验项目，逐一列出标准规定值和实际检验值，在相比较的基础上，判定该产品的单项合格与否。需要注意的是检验结果的单位和标准规定的单位应当一致。在实测值与标准值进行比较时，实际检测值若非临界值，一般采用修约值比较法，结果报告值与标准规定的小数位数保持一致，修约时遵循四舍六入五取双的数据修约规则。实际检测值若为临界值，一般采用全数值修约法。例如，标准规定值≤0.05，实际检出值为0.054，用修约值比较法修约为0.05，应判定为合格，与实际情况不符。若用全数值修约法修约为0.05（+），判定为不合格，与实际情况相符，判定客观真实。又例，标准规定值为5.0±0. 5，实际检出值4.46，用修约值比较法修约为4.5，应判定为合格，与实际情况不符。若用全数值修约法修约为4.5（−），判定为不合格，与实际情况相符，判定客观真实。检验结果为0时，填未检出；检验结果小于最低检出限时，填小于最低检出限，而不填真实检出值。如：肉制品中亚硝酸盐含量的最低检出限为1.0 mg/kg，实际检出值为0.6 mg/kg，则填报“<1.0 mg/kg”，而不填0.6 mg/kg。

(4) 产（商）品抽样单

监督抽查、统一监督检查、定期监督检查、日常监督是质量监督部门进行产品质量监督检查的集中方式，对监督检查的产品进行检验是质量检验的另一种形式。抽查的产品要填写详细的抽样单，并由双方签字盖章后附在检验报告副本中一并归档。检验报告的信息要与抽样单上的原始信息相一致。

（5）仪器设备使用情况记录

检验项目不同，使用的仪器设备也不相同。检验报告副本中要附有所用仪器设备的使用记录。其内容包括：设备的名称、设备的规格型号、检定日期、检定有效期、环境温度、环境湿度、设备使用日期等，以确保设备的检测能力满足检测工作的需求。

（6）检验原始记录

同原始记录的填写。

结果报告是实验室检测工作的最终产品，也是实验室工作质量的最终体现。结果报告的准确性和可靠性，直接关系到客户的切身利益，也关系到实验室的形象和信誉。在检测过程结束后，实验室及时出具检测数据和结果，并注意以下几点：

① 依据的正确性。按照相关技术规范或标准的要求和规定的程序。

② 报告的及时性。按规定时限向客户提交结果报告。

③ 报告的准确性。对报告的质量要求，应当准确、清晰、客观、真实、易于理解。

④ 计量单位。应当使用法定计量单位。

⑤ 严格按 GB/T3101－1993 附录 B 规定的规则或 GB/T8170－2008 进行数据处理，结果报告值与标准规定的小数位保持一致。

⑥ 必要时进行测量不确定度的评定。

总之，检验结果报告必须做到数据准确可靠，内容清晰完整，格式规范，客观真实地反映被检产品的质量状况，才能获得服务对象的认可，发挥其应有的作用。

第2章 CHAPTER 2 电位分析法

【知识目标】

了解电位分析法的类型、特点及其在生产中的应用。

熟悉玻璃电极、甘汞电极、pH 复合电极及离子选择性电极的构造及使用方法。

熟悉酸度计及自动电位滴定仪的构造及日常维护方法。

掌握直接电位法测定水溶液 pH 值、水中微量氟的方法、原理及操作要领。

掌握电位滴定分析方法的原理、电位滴定数据处理方法及操作要领。

【能力目标】

能根据实验要求，配制标准缓冲溶液。

能熟练操作酸度计及自动电位滴定仪，能进行仪器日常维护。

能对分析数据进行处理，做出合理评价并填写检验报告书。

2.1 概　　述

电化学分析是仪器分析的一个重要组成部分，是依据电化学原理和物质的电化学性质而建立起来的一类分析方法，具有灵敏度和准确度高、选择性好、应用广泛等优点，并且易于实现自动化、连续测定和遥控测定。根据所测定的电物理量的不同又分为伏安分析、电位分析、电导分析、电解分析等。

电位分析是通过测量与试液构成化学电池的两电极间的电位差来进行分析测定的。在测定电位差时需要一个指示电极和一个参比电极。指示电极的电位随待测离子活度的变化而变化，具有指示待测离子活度的作用。参比电极的电位不受待测离子活度变化的影响，具有较恒定的电位值，在电位测量中用作测量的标准。测量时，只要将指示电极和参比电极同时插入试液，构成一个自发电池（原电池），通过测量电池的电动势（电位差），就可求得被测离子的活度。

例如，对于氧化还原体系，电极上进行下述氧化还原过程：

$$\mathrm{Ox}+\mathrm{ne}^{-}\rightarrow\mathrm{Red}$$

25 ℃时，电极电位的能斯特公式为

$$\varphi=\varphi^{\ominus}+\frac{0.059\,2}{n}\lg\frac{\partial_{\mathrm{Ox}}}{\partial_{\mathrm{Red}}}$$

式中，$\varphi^{\ominus}$ 为电对的标准电极电位；n 为电极反应中转移的电子数；∂_{Ox}和∂_{Red}分别为氧化态和还原态的离子活度（mol/L）。

直接电位法是通过测定化学电池的电动势得知指示电极的电极电位，再根据指示电极的电极电位与溶液中待测离子活度（浓度）的关系，求出待测组分含量的分析方法。该法具有简便、快速、灵敏、应用广泛等特点，可用于工业连续自动分析。

电位滴定法是通过测量滴定过程中原电池电动势的变化来确定滴定终点的分析方法。它适用于各种滴定分析法，特别对没有合适指示剂，溶液颜色较深或浑浊难于用指示剂判断终点的滴定分析。

2.2 实验部分

实验 2.2.1 电位法测量水溶液的 pH 值

【实验目的】

（1）学习标准缓冲溶液的配制方法并能正确选择使用。

（2）掌握直接电位法测量溶液 pH 值的基本原理和方法并能独立进行

操作。

(3) 了解酸度计的主要结构及日常维护方法。

【实验原理】

测定溶液 pH 值最简便的方法是使用 pH 试纸，但准确度较差，仅能准确到 0.1～0.3 个 pH 单位。若要精确进行 pH 测量，则需要采用电位法。它是以 pH 玻璃电极为指示电极（接酸度计的负极），饱和甘汞电极为参比电极（接酸度计的正极），浸入被测溶液中组成工作电池。

根据能斯特公式，25 ℃时

$$E_{电池}=K'+0.0592\,\mathrm{pH}$$

式中，K'在一定条件下虽有定值，但不能准确测定或计算得到，在实际测量中要使用已知 pH 值的标准缓冲溶液来校正酸度计，即为“定位”，然后可在相同条件下测量待测溶液的 pH 值。两个电池的电位差分别为

$$E_S=K_S'+0.0592\,\mathrm{pH}_S \tag{a}$$

$$E_X=K_X'+0.0592\,\mathrm{pH}_X \tag{b}$$

由于两次的测量条件相同，(a)、(b) 两式中的常数项 K_S'，K_X'的值可认为近似相等，因而两式相减得：

$$\mathrm{pH}_X-\mathrm{pH}_S=\frac{E_X-E_S}{0.0592} \tag{c}$$

根据式 (c) E_X 和 E_S 差值与 pH_X 和 pH_S 的差值呈线性关系，直线斜率是温度的函数，在 25 ℃时直线斜率为 0.059 2。为了保证不同温度下测量精度符合要求，补偿由于温度变化造成的误差，测量中需要对电极系统的斜率进行校准。斜率校正有一点校正法、二点校正法，常用的是二点校正法。二点校正法需要使用两种标准缓冲溶液，一般先用 pH 值为 6.86 (25 ℃) 的标准缓冲溶液定位，然后再用与被测溶液 pH 值接近的标准缓冲溶液测定斜率（精密测量时，要求电极斜率的实际值要达理论值的 95%以上）。在测量未知液 pH 值时，一般将样品溶液分成两份，分别测定，测得的 pH 值读数至少稳定 1 min。两次测定的 pH 值允许误差不得大于±0.02。

【主要仪器和试剂】

(1) 仪器

pHSJ-3F 酸度计（图 2-1），pH 复合电极（图 2-2），100 mL 烧杯，温度传感器。

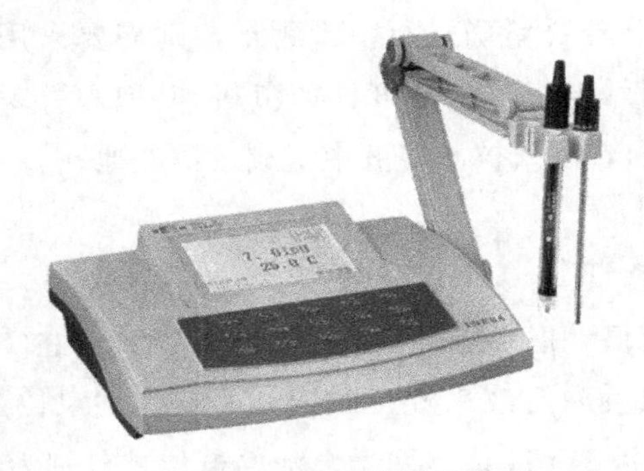

图 2-1　pHSJ-3F 酸度计

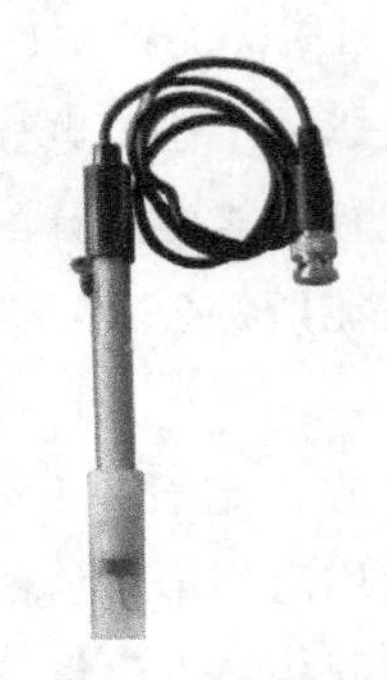

图 2-2　pH 复合电极

(2) 试剂

① 两种不同 pH 的未知液（A）和（B）。

② pH＝4.00 的标准缓冲液（25 ℃）：准确称取在（115±5）℃下烘干 1 h 的邻苯二甲酸氢钾 10.21 g，用无 CO_2 的水溶解并稀释至 1 000 mL，摇匀，贮于贴有标签的聚乙烯试剂瓶内。

③ pH＝6.86 标准缓冲液（25 ℃）：称取在（120±10）℃下干燥过 2 h 的磷酸二氢钾 3.40 g 和磷酸氢二钠 3.55 g，用无 CO_2 水溶解并稀释至 1 000 mL，摇匀，贮于贴有标签的聚乙烯试剂瓶内。

④ pH＝9.18 标准缓冲液（25 ℃）：称取 3.81 g 四硼酸钠，用无 CO_2 水溶解并稀释至 1 000 mL，摇匀，贮于贴有标签的聚乙烯试剂瓶内。

以上标准溶液也可用市售袋装标准缓冲溶液试剂配制，按说明书规定用无 CO_2 水溶解稀释。

⑤ 广泛 pH 试纸（pH＝1～14）。

【实验步骤】

(1) 配制缓冲溶液

按要求配制 pH 值分别为 4.00，6.86 和 9.18 的标准缓冲溶液。

（2）酸度计使用前准备

接通酸度计电源，预热 30 min 以上。

（3）电极处理和安装

将在 3 mol/L KCl 中浸泡活化 8 h 的复合电极和温度传感器安装在多功能电极架上，并按要求搭建实验装置。用蒸馏水冲洗电极和温度传感器，用滤纸吸干电极外壁水分。

（4）校正酸度计（二点校正法）

① 将选择按键开关置“pH”位置。取一个洁净塑料试杯（或 100 mL 玻璃烧杯）用 pH＝6.86（25 ℃）的标准缓冲溶液荡洗 3 次，倒入 50 mL 左右该标准缓冲溶液。

② 将电极与温度传感器插入标准缓冲溶液中。小心轻摇几下试杯，以促使电极平衡。注意电极不要触及杯底，插入深度以溶液浸没玻璃球泡为限。

③ 按“校准”钮，进行手动“定位”。调节“▲”或“▼”，使数字显示屏稳定显示该标准缓冲溶液在当时温度下的 pH 值。随后将电极和温度传感器从标准缓冲溶液中取出，移去试杯，用蒸馏水清洗，并用滤纸吸干外壁水。

④ 另取一洁净试杯（或 100 mL 小烧杯），用另一种与待测试液（A）pH 值（可用 pH 试纸预先测试）相接近的标准缓冲溶液荡洗 3 次后，倒入 50 mL 左右该标准缓冲溶液。将电极和温度传感器插入溶液中，小心轻摇试杯，以使电极平衡。按“校准”钮，进行手动调“斜率”，调节“▲”或“▼”，将 pH 值调至溶液温度下的 pH 值，再按“确认”钮。校正完毕后，仪器显示校正系数 K，测定要求 K 值在 90%～100%，如不在该范围之内，需要进行重新校正。

（5）测量待测试液的 pH 值

① 移去标准缓冲溶液，清洗电极和温度传感器，并用滤纸吸干电极外壁水。取一洁净试杯（或 100 mL 小烧杯），用待测试液（A）荡洗 3 次后倒入 50 mL 左右试液。应注意待测溶液试验温度应与标准缓冲溶液温度相同或接近。若温度差别大，则应待温度相近时再测量。

② 将电极插入被测试液中，轻摇试杯以促使电极平衡。待数字显示

稳定（稳定 1 min）后读取并记录被测试液的 pH 值。平行测定 3 次，并记录。

③ 按步骤（4）、（5）测量另一未知液（B）的 pH【注意！若（B）与（A）的 pH 相差大于 3 个 pH 单位，则酸度计必须重新再用另一与未知液（B）pH 值相近的 pH 标准缓冲溶液按（4）中③④步骤进行校正，若相差小于 3 个 pH 单位，一般可以不需要重新校正】。

（6）实验结束工作

关闭酸度计电源开关，拔出电源插头。取出 pH 复合电极用蒸馏水清洗干净后浸泡在电极套中。取出温度传感器用蒸馏水清洗，再用滤纸吸干外壁水分，放在盒内。清洗试杯，晾干后妥善保存。用干净抹布擦净工作台，罩上仪器防尘罩，填写仪器使用记录。

【数据记录与处理】（表 2-1）

表 2-1　待测试液 pH 值的测定

待测试液 测定次数	待测试液（A）			待测试液（B）		
	1	2	3	1	2	3
pH						
平均 pH						

【注意事项】

（1）酸度计的输入端（即测量电极插座）必须保持干燥清洁。在环境湿度较高的场所使用时，应将电极插座和电极引线柱用干净纱布擦干。读数时电极引入导线和溶液应保持静止，否则会引起仪器读数不稳定。

（2）标准缓冲溶液配制要准确无误，否则将导致测量结果不准确。

（3）若要测定某固体样品水溶液的 pH 值，除有特殊说明外，一般应称取 5 g 样品（称准至 0.01 g）用无 CO_2 的水溶解并稀释至 100 mL，配成试样溶液，然后再进行测量。由于待测试样的 pH 值常随空气中 CO_2 等因素的变化而改变，因此采集试样后应立即测定，不宜久存。

【问题与讨论】

(1) 直接电位法测定 pH 值的原理是什么?

(2) 测量过程中，可能有哪些因素会导致 pH 值测定误差?

(3) 测量过程中，读数前轻摇试杯起什么作用?读数时，是否还要继续晃动溶液?为什么?

(4) 酸度计为什么要用已知 pH 值的标准缓冲溶液校正?校正时应注意哪些问题?

(5) pH 复合电极在使用前应做哪些检查?

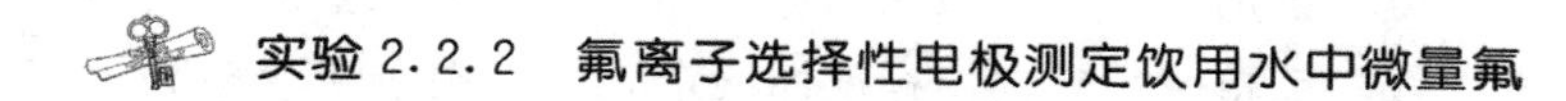

实验 2.2.2 氟离子选择性电极测定饮用水中微量氟

【实验目的】

(1) 掌握离子选择性电极法测定离子含量的原理和方法。

(2) 掌握用氟离子选择性电极测定水中微量氟离子的标准曲线法和标准加入法。

(3) 了解使用总离子强度调节缓冲溶液的意义和作用。

(4) 熟悉氟电极和饱和甘汞电极的结构和使用方法。

【实验原理】

饮用水中氟含量的高低对人体健康有一定影响，氟的含量太低易得龋齿，过高则会发生氟中毒现象，适宜含量为 0.5 mg/L 左右。因此，监测饮用水中氟离子的含量至关重要。氟离子选择性电极法已被确定为测定饮用水中氟含量的标准方法。

以氟离子选择性电极为指示电极、饱和甘汞电极为参比电极，可测定溶液中氟离子含量。工作电极的电动势 E，在一定条件下与氟离子活度 F^- 的对数值成直线关系，测量时，若指示电极接正极，则有

$$E=K-0.0592\lg \alpha_{F^-}\ (25\ ℃)$$

当溶液的总离子强度不变时，离子的活度系数为一定值，上式可改写为

$$E=K'-0.0592\lg c_{F^-}$$

因此在一定条件下，电池电动势与试液中的氟离子浓度的对数呈线性关系，可用标准曲线法或标准加入法进行测定。

温度、溶液 pH、离子强度、共存离子等均会影响测定的准确度。因此为了保证测定准确度，需向标准溶液和待测试样中加入总离子强度调节剂（TISAB）来控制最佳测定条件，以使溶液中离子平均活度系数保持定值，并控制溶液的 pH 值，消除共存离子干扰。

使用离子计也可以对氟离子进行浓度直接测量（即测溶液的 pF^- 值），其方法与测定溶液中 pH 的方法相似。但要注意保持标准溶液和水样的离子强度基本相同。

在本实验中，分别选用了标准曲线法和标准加入法进行定量测定。当待测试样组成已知或较简单时，宜选用标准曲线法，尤其在分析较多数目样品时更能显示出优越性。若对试样组成不甚了解，或样品组成较复杂，配制组成相近的系列标准溶液就有困难。此时为得到较高准确度就应采用标准加入法。同时，该法只需一种标准溶液，操作简便快速。

【主要仪器和试剂】

（1）仪器

pHS-3C 酸度计（图 2-3），氟离子选择性电极（图 2-4），饱和甘汞电极（图 2-5），电磁搅拌器。

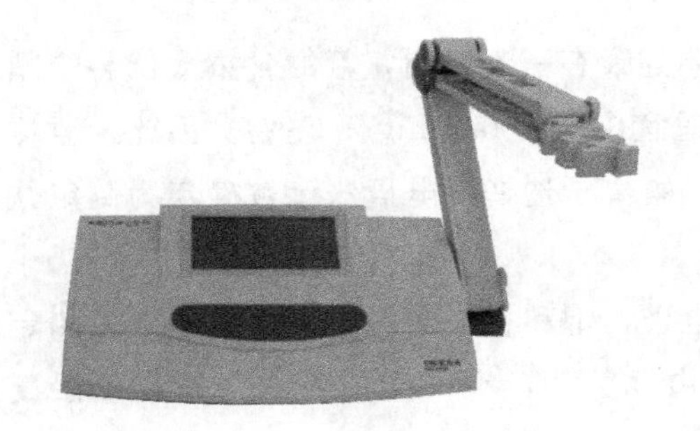

图 2-3　pHS-3C 酸度计

图 2-4　氟离子选择性电极

图 2-5　饱和甘汞电极

（2）试剂

① 1.000×10^{-1} mol/L F^- 标准储备液：准确称取 NaF（120 ℃ 烘1 h）4.199 g，用去离子水溶解后移入 1 000 mL 容量瓶中，定容，摇匀。贮于

聚乙烯瓶中待用。

② 总离子强度调节缓冲溶液（TISAB）：称取氯化钠 58 g，枸橼酸钠 10 g 溶于 800 mL 去离子水中，再加冰醋酸 57 mL，用 6 mol/L NaOH 溶液调节至 pH 5.0～5.5 之间，转入 1 000 mL 容量瓶中，用去离子水稀释，定容后摇匀。

③ 含 F^- 自来水水样。

【实验步骤】

（1）仪器的准备和电极的安装

按仪器说明书，接通电源，预热 20 min。接好饱和甘汞电极和氟离子选择性电极。

（2）绘制标准曲线

在 5 只 100 mL 容量瓶中，用 1.000×10^{-1} mol/L F^- 标准储备液分别配制内含 10 mL TISAB 的 1.000×10^{-2}～1.000×10^{-6} mol/L F^- 标准溶液。

将适量的配制的标准溶液（浸没电极的晶片即可）分别倒入 5 只洁净的塑料烧杯中，插入氟离子选择性电极和饱和甘汞电极，放入搅拌子。启动搅拌器，在搅拌的条件下由稀至浓分别测量标准溶液的电位值 E。更换溶液时，用去离子水冲洗电极，再用滤纸吸去附着溶液。以 $\lg c_{F^-}$ 为横坐标，电位 E 为纵坐标，绘制标准曲线。

（3）水样中氟的测定

① 标准曲线法：准确移取自来水样 50 mL 于 100 mL 容量瓶中，加入 10 mL TISAB，用蒸馏水稀释至刻度处，摇匀，然后倒入一个干燥的塑料烧杯中，插入电极。在搅拌条件下待电位稳定后读出电位值 E_X（此溶液别倒掉，留下步实验用）。重复测定 3 次，取平均值。

② 标准加入法：在步骤（3）中①测得电位值 E_X 后的溶液中，准确加入 1.00 mL 浓度为 1.000×10^{-4} mol/L 的 F^- 标准溶液。搅拌后，在相同的条件下测定电位值 E_1（若读得电位值变化 ΔE 小于 20 mV，则应使用 1.000×10^{-3} mol/L 的 F^- 标准溶液，此时实验应重新开始）。重复测定 3 次，取平均值。

（4）结束工作

用去离子水清洗电极数次，直至接近空白电位值，晾干后收入电极盒中保存（电极暂不使用时，宜干放；若在连续使用期间的间隙内，可浸泡在水中）。

关闭仪器电源开关。清洗试杯，晾干后放回原处。整理工作台，罩上仪器防尘罩，填写仪器使用记录。

【数据记录与处理】

（1）标准曲线法

① 将数据记入表 2-2 中，制作标准曲线。

表 2-2 数据记录表

标样号	1#	2#	3#	4#	5#
氟离子浓度/(mol/mL)					
$-\lg c_{F^-}$					
E/mV					

② 将实验数据记入表 2-3 中，并做自来水中氟离子浓度测定。

表 2-3 实验结果分析

自来水样移取体积/mL		水样稀释后体积/mL	
测定次数	第 1 次	第 2 次	第 3 次
$-\lg c_{F^-}$			
E/mV			
水样中氟离子浓度/(mol/mL)			
平均值/(mol/mL)			

（2）标准加入法

根据公式 $c_x=\frac{c_sV_s}{V_x}(10^{\frac{E_1-Ex}{0.0592}}-1)^{-1}$ 计算出试液中 F^- 含量，并换算成原水样的氟含量。

【注意事项】

（1）氟电极在使用前，宜在 1×10^{-3} mol/L 的 NaF 溶液中浸泡活化 1～2 h，然后用去离子水清洗电极数次，直至测得的电位值约为－300 mV（此值各支电极不同)。电极晶片勿与坚硬物碰擦。晶片上如有油污，用脱脂棉依次以乙醇、丙酮轻拭，再用去离子水洗净。为了防止晶片内侧附着气泡，测量前让晶片朝下，轻击电极杆，以排除晶片上可能附着的气泡。

(2) 饱和甘汞电极在使用前应拔去加 KCl 溶液小口处的橡皮塞，以保持足够的液压差，使 KCl 溶液只能向外渗出，同时检查内部电极是否已浸入 KCl 溶液中，否则应补加。使用时，电极下端的橡皮套也应取下。饱和甘汞电极使用后，应再将两个橡皮套分别套好，装入电极盒内，防止盐桥液流出。

(3) 测量时浓度应由稀至浓。每次测定前要用被测试液清洗电极、烧杯及磁力搅拌转子。

(4) 绘制标准曲线时，测定一系列标准溶液后，应将电极清洗至原空白电位值，然后再测定未知液的电位值。

(5) 测定过程中搅拌溶液的速度应恒定，读数时应停止搅拌。

【问题与讨论】

(1) 标准加入法为什么要加入比待测组分浓度大很多的标准溶液?

(2) 氟电极在使用前应该怎样处理? 使用后应该怎样保存?

(3) TISAB 溶液包含哪些组分? 各组分的作用是什么?

(4) 氟离子选择性电极测得的是 F^- 的浓度还是活度? 如果要测定 F^- 的浓度，应该怎么办?

(5) 测定 F^- 浓度时为什么要控制在 $pH \approx 5$，pH 过高或过低有什么影响?

实验 2.2.3 电位法沉淀滴定测定氯离子的含量

【实验目的】

(1) 掌握电位法沉淀滴定的原理及方法。

(2) 学习使用电位法测定水中氯化物的含量。

(3) 掌握电位滴定中数据处理方法。

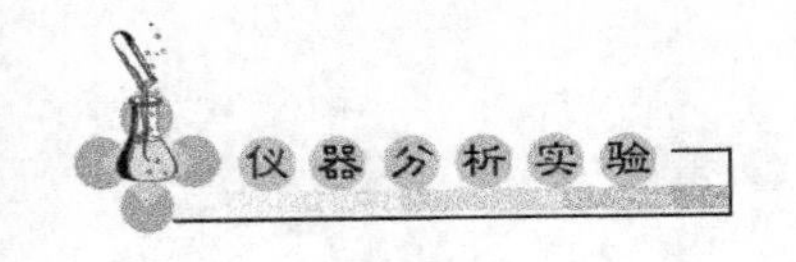

【实验原理】

氯离子是水中主要阴离子之一，水中氯离子含量高时，对金属管道和农作物都有害处，当氯离子含量超过 250 mg/L，水就有一定的咸味。

测定水中氯离子的含量，一般采用标准 $AgNO_3$ 溶液滴定。它的滴定终点，除了用 K_2CrO_4 和 $NH_4Fe(SO_4)_2$ 等指示剂指示外，还可用电位法来确定。此法特别适用于测定较混浊或带有颜色的水样。用 $AgNO_3$ 溶液滴定氯离子时，发生下列反应

$$Ag^+ + Cl^- = AgCl\downarrow$$

电位滴定时可选用对氯离子或银离子有响应的电极作指示电极。本实验以银电极作指示电极，带硝酸钾盐桥的饱和甘汞电极作参比电极。由于银电极的电位与银离子浓度有关，在 25 ℃时为

$$E_{Ag^+/Ag} = E + 0.059\ 2 \lg^{[Ag^+]}$$

随着滴定反应的发生，溶液中氯离子浓度不断降低，电位发生改变，接近化学计量点时，氯离子浓度发生突变，电位相应发生突变，而后继续加入滴定剂，溶液电位变化幅度减缓，以突变时滴定剂的消耗体积（mL）来确定滴定终点。滴定终点可通过电位滴定曲线（指示电极电位或该原电池的电动势对滴定剂体积）作图来确定，也可利用二阶微商法由计算求得。注意 Br^-，I^-，$Fe(SCN)_6^{3-}$，CrO_4^{2-}，$Cr_2O_7^{2-}$ 等离子对本实验的测定有干扰。

【主要仪器和试剂】

（1）仪器

pHS-3C 型酸度计、216 型银电极、217 型双液接饱和甘汞电极、磁力搅拌器、25 mL 滴定管。

（2）试剂

0.020 0 mol/L 的氯化钠标准溶液：称取 1.168 9 g 优级纯氯化钠（预先在 400～500 ℃灼烧至无爆裂声响，放在干燥器内冷却到室温），溶解在少量的水中，然后移入 1 L 容量瓶中，用去离子水稀释至刻度位置，摇匀。

硝酸银标准滴定溶液：0.010 0 mol/L。

氨水：1∶1（体积比）。

【实验步骤】

（1）准备工作

① 银电极的准备：用细砂纸将电极表面擦亮后，用蒸馏水冲洗干净置电极夹上。

② 饱和甘汞电极的准备：取下电极下端和上侧的小胶帽，检查电极内液位、KCl晶体和气泡及陶瓷芯的渗漏情况，适当处理后，用蒸馏水清洗干净，吸干外壁水分，套上装满饱和KNO_3盐桥的套管，并用橡皮圈扣紧，清洗套管外壁后置电极夹上。

③ 安装好电位滴定装置，预热酸度计，调节开关至“mV”位置，并按酸度计使用方法校正仪器。

（2）$AgNO_3$溶液的标定

① 将$AgNO_3$标准滴定溶液装入滴定管内，并调好液体的位置在0.00刻度线上。移取10 mL 0.020 0 mol/L的氯化钠标准溶液于100 mL烧杯中，再加25 mL蒸馏水，将烧杯置搅拌器上，放入搅拌子，插入电极。

② 打开搅拌器开关，调节转速，滴入$AgNO_3$标准溶液，注意记下滴定起始体积和电位读数。随着滴定剂的加入，电位读数将不断变化，滴定初始阶段，可每加2.00 mL记录一次电位值，临近滴定终点时，电位读数变化较大，此时每加0.10 mL记录一次，并使间隔时间稍微大些，以使电极达到平衡得到准确终点，继续加入$AgNO_3$标准溶液直至电位变化不再明显为止。平行测定3次。

（3）水样中氯离子含量的测定

移取水样10.00 mL于100 mL烧杯中，按标定$AgNO_3$标准溶液的方法进行电位滴定。

【数据记录与处理】

（1）记录标定$AgNO_3$溶液时得到的数据，以电位值为纵坐标（mV），以消耗的$AgNO_3$溶液体积（mL）为横坐标作出E－V曲线，使用三切线法找出终点电位值及所需要的$AgNO_3$体积，或利用二阶微商法确定终点，计算$AgNO_3$溶液的浓度，数据记录表见表2-4。

表 2-4 数据记录表

加入 $AgNO_3$ 的体积/mL	E/mV	$\frac{\Delta E}{\Delta V}$/(mV/mL)	$\frac{\Delta E^2}{\Delta V^2}$/ ($mV \cdot mL^{-2}$)

（2）记录测定水样中氯离子含量时得到的数据，用二次微商法确定终点，计算出水样中氯离子的含量（以 mg/L 表示）。

$$C_{Cl^-}=\frac{35.45\times 1\,000\times C_{AgNO_3}\times V_{AgNO_3}}{V}$$

式中，35.45 为氯离子的摩尔质量，g/mol；C_{AgNO_3} 为硝酸银标准滴定溶液浓度，mol/L；V_{AgNO_3} 为滴定样品时消耗的硝酸银标准溶液体积，mL；V 为水样的体积，mL。

【注意事项】

（1）测量前应正确处理好电极。

（2）由于发生的是沉淀反应，电极表面易被沉淀玷污。每测完一份试液后，电极均要清洗干净。

【问题与讨论】

（1）试述双盐桥甘汞电极的结构特点及在本实验中的作用。

（2）与化学分析法相比，电位滴定法有何特点？

（3）电位滴定法确定滴定终点的依据是什么？如何用二阶微商法确定滴定终点？

实验 2.2.4　乙酸的电位滴定分析及离解常数的测定

【实验目的】

（1）通过醋酸的电位滴定，进一步巩固电位滴定和基本操作技术。

（2）运用 pH-V 曲线和（ΔpH/ΔV）-V 曲线与二阶微商法确定滴定终点。

（3）学习测定弱酸离解常数的原理和方法。

【实验原理】

乙酸 CH_3COOH（简写为 HAc）为一种弱酸，其 $pK_a=4.74$，当以标准碱溶液滴定乙酸试液时，在化学计量点附近可以观察到 pH 值的突跃。

在试液中插入复合玻璃电极，即组成如下工作电池：

$$\text{pH 玻璃电极}|H^+(c=x)||KCl(s),Hg_2Cl_2,Hg$$

当用 NaOH 标准溶液滴定乙酸溶液时，利用电位计测出滴定过程中溶液的 pH 变化值，记录相应的标准碱溶液消耗的体积 V，然后绘制 pH-V 滴定曲线，曲线斜率最大处所对应的滴定剂的体积即为终点体积。若上述滴定曲线的突跃不明显，可绘制（$\Delta pH/\Delta V$）-V 一阶微商曲线，曲线的极大值所对应的滴定剂的体积为终点体积。以 $\Delta^2 pH/\Delta V^2$ 为纵坐标、滴定剂体积 V 为横坐标作图可得到二阶微商曲线，当 $\Delta^2 pH/\Delta V^2=0$ 时对应的滴定剂的体积为终点体积。最后，根据标准碱溶液的浓度、消耗的体积和试液的体积，即可求得试液中乙酸的浓度或含量。

乙酸为弱电解质，在溶液中存在以下离解平衡：

$$HAc \rightleftharpoons H^+ + Ac^-$$

其离解常数：

$$K_a=\frac{[H^+][Ac^-]}{[HAc]}$$

当滴定分数为50%时，[HAc] = [Ac^-]，此时

$$K_a=[H^+],\text{即 } pK_a=pH$$

因此，在滴定分数为50%处的 pH 值，即为乙酸的 pK_a 值。

【主要仪器和试剂】

（1）仪器

pHS-3C 型酸度计、电磁搅拌器、pH 复合电极、10 mL 半微量碱式滴定管。

（2）试剂

0.100 0 mol/L NaOH 标准溶液，pH=4.01（25 ℃）和 pH=6.86（25 ℃）的标准缓冲溶液，乙酸试液（浓度约 0.100 0 mol/L）。

【实验步骤】

(1) 准备工作

① 小心摘去 pH 复合电极的塑料外套（复合电极已在 3 mol/L KCl 中浸泡活化 8 h 以上），检查内电极是否浸入内充液中，否则应补液。

② 打开 pH 计电源开关，预热 30 min，接好复合玻璃电极，利用二点定位法对酸度计进行校正。

(2) 乙酸含量和 pK_a 的测定

① 粗测：准确吸取乙酸试液 10.00 mL 于 100 mL 小烧杯中，再加水约 20 mL。放入磁力搅拌转子，浸入 pH 复合电极。开启电磁搅拌器并始终保持适宜的转速，用 0.100 0 mol/L NaOH 标准溶液进行滴定，1 mL 读数 1 次，直到超过化学计量点，初步确定滴定终点。

② 细测：准确吸取乙酸试液 10.00 mL 于 100 mL 小烧杯中，再加水 20 mL。放入搅拌磁子，浸入 pH 复合电极。电磁搅拌器开启后，在滴定的初始阶段，每滴加 1 mL NaOH 标准溶液即记录一次稳定的 pH 值，在 pH 发生突跃范围之前滴加体积可调至 0.5 mL，待接近化学计量点时，每滴加 0.1 mL 读数一次。过了化学计量后，滴加的体积可逐渐由 0.5 mL 调至 1 mL，直至完全过量。

【数据记录与处理】

(1) 原始记录（见表 2-5、表 2-6）

表 2-5 数据记录表（粗测）

V/mL	0	1	2	3	4	…
pH 值						
V/mL						

表 2-6 数据记录表（细测）

V/mL	0	1	2	3	4	…
pH 值						
ΔpH/ΔV						
Δ^2pH/ΔV^2						

(2) 绘制 pH-V 和 (ΔpH/ΔV)-V 曲线，分别确定滴定终点 V_{ep}。

(3) 二级微商法由内插法确定终点 V_{ep}。

(4) 计算原始试液中乙酸的浓度。

(5) 在 pH-V 曲线上查出体积相当于$\frac{1}{2}V_{ep}$的 pH 值，即为 HAc 的电离常数 pK_a，并与文献值比较 $K_a^0 = 1.76 \times 10^{-5}$，分析产生误差的原因。

【注意事项】

(1) pH 复合电极在使用前必须在 KCl 溶液中浸泡活化，电极膜很薄易碎，使用时要十分小心。实验完毕，应套上充满 3 mol/L 的 KCl 溶液的外套保存。

(2) 切勿把搅拌磁子连同废液一起倒掉。

【问题与讨论】

(1) 用电位滴定法确定终点与指示剂法相比有何优缺点？

(2) 当乙酸完全被氢氧化钠中和时，反应终点的 pH 值是否等于 7？为什么？

(3) 在测定乙酸含量时，为什么要采用粗测和细测两个步骤？

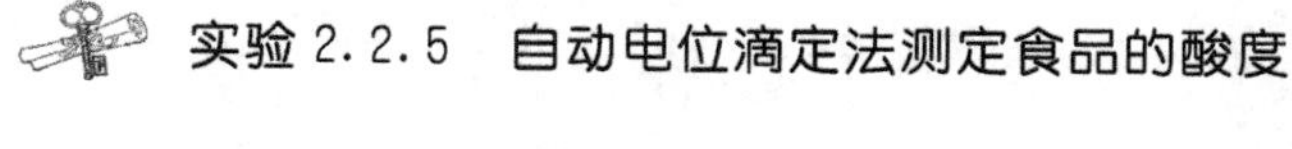

实验 2.2.5　自动电位滴定法测定食品的酸度

【实验目的】

(1) 掌握自动电位滴定仪的使用方法。

(2) 了解自动电位滴定法的优点及在生产中的应用。

【实验原理】

可溶于水的有机酸是大多数食品的化学成分。果蔬中主要含有苹果酸 $\begin{array}{l}HO{-}CH{-}COOH\\ \quad\;\;\, |\\ \quad\;\;\, CH_2{-}COOH\end{array}$、柠檬酸 $\begin{array}{l}\quad\;\;\, CH_2{-}COOH\\ \quad\;\;\, |\\ HO{-}C{-}COOH\\ \quad\;\;\, |\\ \quad\;\;\, CH_2{-}COOH\end{array}$、醋酸 ($CH_3COOH$)、琥珀酸 $\begin{array}{l}CH_2{-}COOH\\ |\\ CH_2{-}COOH\end{array}$、酒石酸 $\begin{array}{l}HO{-}CH{-}COOH\\ \quad\;\;\, |\\ HO{-}CH{-}COOH\end{array}$、草酸 (HOOCCOOH) 等，鱼类和肉类主要含有乳酸 $\begin{array}{l}\quad\quad\;\;\, OH\\ \quad\quad\;\;\, |\\ CH_3{-}CH{-}COOH\end{array}$。

食品中的有机酸除游离形式外，常以钾、钠和钙盐形式存在。酸度的意义包括总酸度（可滴定酸度）、有效酸度（氢离子活度、pH 值）和挥发酸。总酸度是所有酸性成分的总量，通常以标准碱液来测定并以样品中所含主要酸的百分数表示。

食品中的有机酸用碱液滴定时，被中和生成盐类，反应式为

$$RCOOH + NaOH \longrightarrow RCOONa + H_2O$$

在滴定时，以玻璃电极为指示电极、甘汞电极为参比电极，其等当点 pH 值约为 8.2，控制滴定到此酸度，就确定了中和的终点。

【主要仪器和试剂】

（1）仪器

ZD－2 型自动电位滴定仪（或其他型号）、复合电极、滴定管、移液管。

（2）试剂

0.1 mol/L 氢氧化钠标准溶液，1%酚酞乙醇溶液，pH＝4.01（25 ℃）和 pH＝9.18（25 ℃）的标准缓冲溶液，去除 CO_2 的蒸馏水。

【实验步骤】

（1）准备工作

按实验 2.2.4 操作步骤，做好测定前的准备工作。

（2）NaOH 溶液标定

将分析纯邻苯二甲酸氢钾置于 120 ℃烘箱中烘干至恒重，冷却至室温后，称取 0.300 0～0.400 0 g（精确到 0.000 1 g）于 100 mL 烧杯中，加入 50 mL 蒸馏水，加 1～2 滴酚酞指示剂，控制终点 pH 值为 8.20，预控制 pH 值为 2.00，用配制好的约 0.1 mol/L 的 NaOH 溶液自动滴定到终点。做两个平行，按下式计算 NaOH 的摩尔浓度：

$$C = \frac{m}{204.2 \times V_1} \times 1\,000$$

式中，C 为 NaOH 溶液的摩尔浓度，mol/L；m 为邻苯二甲酸氢钾的质量，g；204.2 为邻苯二甲酸氢钾的摩尔质量，g/mol；V_1 为消耗 NaOH 溶液的体积或质量，mL 或 g。

(3) 样品滴定曲线的制作和滴定终点的确定

在100 mL烧杯内用移液管量取样品20.00 mL，加入25 mL蒸馏水，放入磁力搅拌转子，置于磁力搅拌器上混合均匀（可加入酚酞指示液1～2滴）。插入电极和滴定管，进行手动滴定，并记录每次滴定的总体积与相应的pH值，开始时可每1 mL记录一次，当pH值达5后可每0.5 mL记录一次，pH值达6后可每0.1 mL记录一次，pH值达7后可每0.05 mL（1～2滴）记录一次，pH值达9后可每0.1 mL记录一次，pH值达10后每0.25 mL记录一次，直至过量。以滴定体积为横坐标，以相应的pH值为纵坐标，作滴定曲线。

(4) 样品的自动电位滴定

吸取20.00 mL样品于100 mL烧杯中，加入25 mL蒸馏水，放入磁力搅拌转子，置于磁力搅拌器上混合均匀（可加入酚酞指示液1～2滴）。插入电极和滴定管，以从样品滴定曲线求出的滴定终点设定自动电位滴定的终点（pH值在8.20左右），预控制pH值为2.00，接好线路，用氢氧化钠标准溶液滴定至终点。平行滴定2次。

【数据记录与处理】

求两次自动滴定和一次手动滴定所得酸度的平均值并计算相对平均偏差。

$$X=\frac{C\times V\times K}{m}\times 100$$

式中，X为总酸含量，g/100 mL或g/100 g；C为氢氧化钠标准溶液的摩尔浓度，mol/L；V为氢氧化钠标准溶液的用量，mL；m为吸取样品溶液的体积或质量，mL或g；K为换算成适当酸的系数，即滴定度，g/mmol；其中苹果酸0.067，柠檬酸0.064，酒石酸0.075，乳酸0.090，醋酸0.060。

【注意事项】

(1) 对于酸度较高液体样品可取10 mL移入250 mL容量瓶中定容至刻度位置，吸取50 mL滤液再按上法进行测定；对于固体而言，应准确称取均匀样品10～20 g于小烧杯中，用水移入250 mL容量瓶中充分振摇后加水至刻度位置，摇匀，用干燥滤纸过滤，吸取50mL滤液再按上法进行测定。

（2）对于样品的取样量，一般以滴定液的用量在10～20 mL为原则，滴定量太少，误差较大；滴定量太多，测定时间又较长。

（3）由于滴定管的刻度存在系统误差，滴定管直径不一定完全相同，所以每次测定样品都要将滴定液调至零位。

【问题与讨论】

（1）自动电位滴定仪在操作过程中应注意哪些问题？

（2）自动电位滴定法主要应用于什么场合？

第3章 CHAPTER 3

紫外-可见分光光度法

【知识目标】

了解紫外-可见分光光度法及其分类和特点。

掌握光吸收定律并能熟练运用。

掌握常见紫外-可见分光光度计的基本部件、使用方法及维护保养知识。

掌握显色条件选择、单组分、多组分定量分析方法及计算。

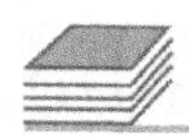

【能力目标】

能对样品进行处理，配制标准溶液。

能绘制光谱吸收曲线，运用吸收曲线进行定性分析、检查物质的纯度、确定定量分析波长。

能根据实验数据绘制标准曲线，并能运用标准曲线进行单组分和多组分的定量分析。

会熟练地操作紫外-可见分光光度计，并能进行基本的维护。

能根据样品性质选择测量条件，解释引起误差原因。

能对分析数据进行处理，做出合理评价并填写检验报告书。

3.1 概　述

紫外-可见分光光度法是基于物质分子对 200～780 nm 光谱区域内光辐射的吸收而进行定性和定量分析的方法。该法测定的相对误差一般在

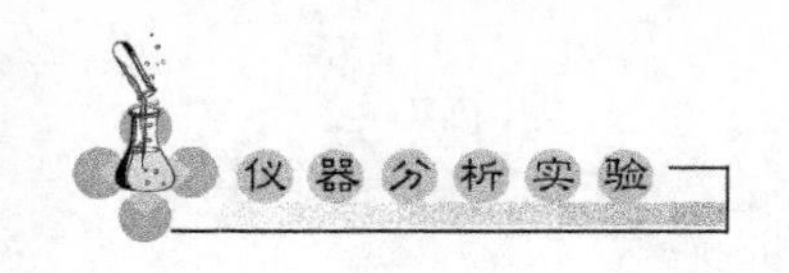

2%～5%，测定样液的浓度下限可达10^{-5}～10^{-6} mol/L，适用于微量组分的测定，广泛应用于医药化工、环境监测、食品质量控制、生命科学等领域。

在对未知化合物进行定性鉴定时，可以吸光度A为纵坐标、波长λ为横坐标作图，得到该物质的吸收光谱曲线。由于曲线的形状、吸收峰的数目及最大吸收波长λ_{max}与物质特性有关，因而可以作为物质定性分析的依据。根据物质吸收曲线的特性，选择适宜的测定波长，测量其吸光度，则可对物质进行定量分析。

当以一定波长的单色光照射吸光物质溶液时，由于吸光物质分子吸收一部分光能，使透射光的强度减弱，根据照射前、后光强度随波长的变化情况，即可得到该物质的吸光度，进而依据朗伯-比耳定律算出物质的浓度。朗伯-比耳定律的数学表达式为

$$A=\lg I_0/I=\varepsilon bc$$

式中，A为吸光度；I_0为入射光的强度；I为透射光的强度；ε为摩尔吸光系数，$L\cdot cm^{-1}\cdot mol^{-1}$；$b$为物质吸收层的厚度，cm；$c$为物质的浓度，mol/L。

根据朗伯-比耳定律，许多物质的浓度都可通过测量吸光度的方法进行测定。特别是有些物质的摩尔吸光系数ε比较大，测定时灵敏度比较高。与其他仪器分析方法所需设备相比，分光光度计结构简单，价格较低廉，操作也简便，它是目前各分析实验室中使用最为普遍的一种分析仪器，所以分光光度法是广泛运用的一种分析方法。

3.2 实验部分

实验 3.2.1 分光光度法测定高锰酸钾溶液的浓度

【实验目的】

(1) 了解紫外-分光光度法的特点，掌握朗伯-比尔定律及应用。

(2) 掌握吸收光谱曲线和标准曲线的绘制方法。

(3) 熟悉紫外-可见分光光度计的使用。

【实验原理】

高锰酸钾水溶液呈紫红色，在可见光区具有固定的最大吸收波长位置，峰形明显。如在避光条件下保存，其峰位和峰形可长期稳定不变，可以用紫外-分光光度法对其进行分析与定量。

由朗伯-比耳定律：$A=\varepsilon bc$ 得知，当入射光波长 λ 及光程 b 一定时，在一定浓度范围内，有色物质的吸光度 A 与该物质的浓度 c 成正比。只要绘出以吸光度 A 为纵坐标、浓度 c 为横坐标的标准曲线，测出试液的吸光度，就可以由标准曲线查得对应的浓度值，求出未知样的含量。

【主要仪器与试剂】

(1) 仪器

TU1810 型紫外-可见分光光度计（图 3-1，或其他主型号的分光光度计），分析天平，25 mL 容量瓶，50 mL 容量瓶，1 mL 刻度吸管，5 mL 刻度吸管，10 mL 移液管，烧杯，洗瓶，洗耳球，量筒，玻璃棒。

图 3-1　TU1810 型紫外-可见分光光度计

(2) 试剂

$KMnO_4$ 标准溶液（125 μg/mL）。

【实验步骤】

(1) 配制 $KMnO_4$ 工作溶液

移取 $KMnO_4$ 标准溶液 10.00 mL 置于 25 mL 容量瓶中，加蒸馏水至刻度，混匀，备用，该工作溶液的浓度为 50 μg/mL。

(2) 确定 $KMnO_4$ 吸收光谱 λ_{max} 值

以蒸馏水为空白管，在 440～600 nm 波长范围内，每隔 10～20 nm 测一次吸光度，在最大吸收波长附近，每隔 2 nm 测一次吸光度。以波长 λ 为横坐标、吸光度 A 为纵坐标，绘制 $KMnO_4$ 溶液吸收光谱曲线图。在曲线上找出吸光度最大处所对应的波长，即为最大吸收波长，用 λ_{max} 表示。

(3) 配制 $KMnO_4$ 系列标准工作溶液

取 5 个 25 mL 的容量瓶，分别移入质量浓度为 125 μg/mL 的 $KMnO_4$ 标准溶液 1.00，2.00，3.00，4.00，5.00 mL，加蒸馏水至刻度，摇匀，即得质量浓度为 5，10，15，20，25 μg/mL 的系列标准工作溶液。

(4) 绘制高锰酸钾标准曲线

以蒸馏水为空白，在波长为 λ_{max} 处依次测定 $KMnO_4$ 标准工作溶液（5，10，15，20，25 μg/mL）的吸光度，以溶液浓度 C 为横坐标、吸光度 A 为纵坐标，绘制标准曲线图。

(5) 测定待测溶液

取待测溶液 5.00 mL 置于 25 mL 容量瓶中，加蒸馏水至刻度位置，摇匀，在分光光度计上测出其吸光度。

【数据记录与处理】

(1) 高锰酸钾溶液吸收曲线的绘制

将数据记录于表 3-1 中。

表 3-1　数据记录表

波长 λ/nm	440	460	480	500	510	512	514	516	518
A									
波长 λ/nm	520	522	524	526	528	530	532	534	536
A									
波长 λ/nm	538	540	542	544	546	550	560	580	600
A									

作吸收曲线图，确定最大吸收波长 λ_{max}。

（2）高锰酸钾标准曲线的绘制

将数据记录于表 3-2 中。

表 3-2　数据记录表

容量瓶编号	1	2	3	4	5
$KMnO_4$ 浓度/(μg/mL)	5	10	15	20	25
A					

根据标准曲线查得样品的浓度 C_x(μg/mL)＝______________。

（3）试样中高锰酸钾的含量

$$C_{高锰酸钾}(\mu g/mL)=C_x\times\frac{25.00}{5.00}$$

【注意事项】

（1）吸收曲线、标准曲线及待测溶液的测定应在同一台仪器上进行，且测定条件相同。

（2）高锰酸钾含有少量二氧化锰等杂质，并能和水中微量还原性物质反应，所以不能直接由高锰酸钾配得标准溶液。高锰酸钾标准溶液需由教师预先配制并标定。

【问题与讨论】

（1）λ_{max}在定量分析中有何重要意义？

（2）本实验中，为什么要用蒸馏水作参比溶液（空白溶液）？

（3）简述高锰酸钾标准溶液的配制与标定方法。

实验 3.2.2　邻二氮菲分光光度法测定溶液中微量铁

【实验目的】

（1）了解如何选择分光光度法分析的条件。

（2）掌握邻二氮菲分光光度法测定溶液微量铁的方法原理。

（3）掌握分光光度法测定铁的操作方法。

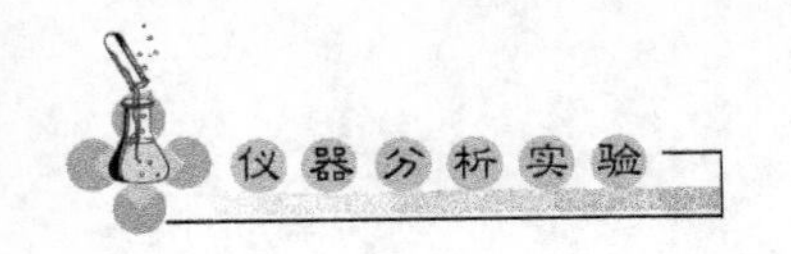

【实验原理】

邻二氮菲（又称邻菲罗啉）是测定微量铁的一种较好的显色剂。在pH值为2～9的溶液中，邻二氮菲和Fe^{2+}结合生成极稳定的橘红色配合物，反应如下：

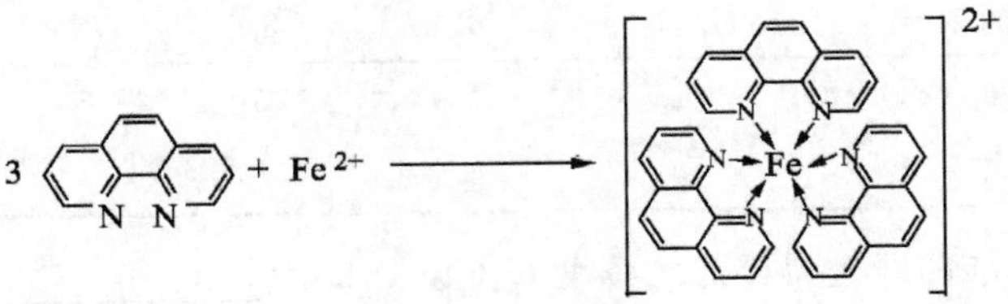

此配合物的$\lg K_{稳}=21.3$，摩尔吸光系数$\varepsilon_{510}=1.1\times10^{4}\ L\cdot mol^{-1}\cdot cm^{-1}$，而$Fe^{3+}$能与邻二氮菲生成3∶1配合物，呈淡蓝色，$\lg K_{稳}=14.1$。所以在加入显色剂之前，应用盐酸羟胺（$NH_2OH\cdot HCl$）将$Fe^{3+}$还原为$Fe^{2+}$，其反应式如下：

$$2Fe^{3+}+2NH_2OH\cdot HCl\longrightarrow 2Fe^{2+}+N_2\uparrow+H_2O+4H^{+}+2Cl^{-}$$

测定时需要控制溶液的酸度使pH值为4～6。酸度高时，反应进行较慢；酸度太低，则离子易水解，影响显色。

为测定样液中微量铁，可采用标准曲线法。根据标准曲线中不同浓度铁离子引起的吸光度的变化，对应实测样品引起的吸光度，计算样品中铁离子的浓度。

【主要仪器与试剂】

（1）仪器

紫外-可见分光光度计、比色皿（1 cm）、容量瓶、吸量管、量筒、洗耳球。

（2）试剂

① 10 μg/mL铁标准溶液：准确称取0.863 4 g铁盐$NH_4Fe(SO_4)_2\cdot 12H_2O$，置于烧杯中，加入20 mL 6 mol/L HCl溶液和少量水，溶解后，定量转移至1 000 mL容量瓶中，加水稀释至刻度位置，充分摇匀，得100 μg/mL储备液。移取上述100 μg/mL铁标准溶液10.00 mL，置于100 mL容量瓶中，加入2.0 mL 6 mol/L HCl溶液，用水稀释至刻度，充分摇匀，即

得 10 μg/mL 铁标准溶液。

② 10%盐酸羟胺水溶液：临用时现配。

③ 0.1%邻二氮菲溶液：取 0.1 g 邻二氮菲加 1 mL 乙醇（95%）溶解，定容于 100 mL 容量瓶内，临用时现配。

④ HAc—NaAc 缓冲溶液（pH≈5.0）：称取 18 g 醋酸钠，加水使之溶解，在其中加入 9.8 mL 冰醋酸，加水稀释至 1 000 mL。

⑤ 待测试液。

【实验步骤】

（1）仪器准备

打开紫外-可见分光光度计，预热 20 min，将仪器调试至工作状态，检查仪器波长的正确性和吸收池的配套性。

（2）吸收曲线的绘制

取两个 50 mL 洁净的容量瓶，用吸量管吸取 10 μg/mL 的铁标准溶液 5.0 mL 于其中一个容量瓶内，然后在两个容量瓶中各加入 1 mL 10%盐酸羟胺溶液，2 mL 0.1%邻二氮菲溶液和 5 mL HAc-NaAc 缓冲溶液，用蒸馏水稀释至刻度位置，摇匀。放置 10 min，选用 1 cm 比色皿，以试剂空白为参比溶液，在 440～540 nm，每隔 10 nm 测一次吸光度值，峰值附近每隔 5 nm 测定一次吸光度。以所得吸光度 A 为纵坐标、相应波长 λ 为横坐标，绘制吸收曲线确定最大吸收波长 λ_{max}。

（3）标准曲线的绘制

取 6 个 50 mL 洁净的容量瓶，用吸量管分别移入 10 μg/mL 铁标准溶液 0.0，2.0，4.0，6.0，8.0，10.0 mL，然后依次加入 1 mL 10%盐酸羟胺溶液，2.0 mL 0.1%邻二氮菲溶液及 5 mL HAc-NaAc 缓冲溶液，用蒸馏水稀释至刻度位置，摇匀。放置 10 min，用 1 cm 比色皿，以试剂空白为参比溶液，选择 λ_{max} 为测定波长，测量各溶液的吸光度。以含铁量为横坐标、吸光度 A 为纵坐标，绘制标准曲线。

（4）试样中铁含量的测定

取含铁未知试样两份，分别放入 2 个 50 mL 容量瓶中，按绘制标准曲线的操作方法加入显示剂显色，用蒸馏水稀释至刻度，摇匀，并在相同仪器测量条件下测其吸光度。依据两份试液的平均 A 值，从标准曲线上即可查得其浓度，计算出原试液中的含铁量。

【数据记录与处理】

(1) 邻二氮菲－Fe^{2+}吸收曲线的绘制

吸收曲线数据记入表3-3中。

表3-3 吸收曲线数据记录表

波长 λ/nm	440	460	480	490	500	505	510	515	520	530	540
吸光度 A											

作出吸收曲线，确定最大吸收波长 λ_{max}。

(2) 标准曲线的绘制

标准曲线数据记入表3-4。

表3-4 标准曲线数据记录表

序号	1	2	3	4	5	6
铁标液加入体积/mL						
铁标液浓度/(μg/mL)						
吸光度 A						

以铁标液浓度（μg/mL）为横坐标，与其对应的吸光度为纵坐标绘制标准曲线。

(3) 试样中铁含量的测定

试样中铁含量测定数据记入表3-5。

表3-5 试样中铁含量测定结果

序号	试样1	试样2
吸光度 A		
试样中铁含量/(μg/mL)		
铁含量平均值/(μg/mL)		
相对平均偏差/%		

【注意事项】

(1) 在显色时，每加入一种试剂均要摇匀。

(2) 试液与标准曲线测定应保持实验条件一致，最好两者能同时操作。

【问题与讨论】

(1) 邻二氮菲分光光度法测定铁时，为何要加入盐酸羟胺溶液？

(2) 加各种试剂的顺序能否颠倒？

(3) 吸收曲线与标准曲线有何区别？在实际应用中有何意义？

实验 3.2.3 4-氨基安替比林比色法测定废水中微量酚的含量

【实验目的】

(1) 了解用 4-氨基安替比林比色法测定水中微量酚含量的原理和方法。

(2) 分析影响实验测定准确度的影响因素。

【实验原理】

酚类化合物于 pH(10.0±0.2) 的介质中，在有氧化剂铁氰化钾存在的条件下，能与 4-氨基安替比林反应而生成橙红色的吲哚酚氨基安替比林染料，可于 510 nm 处进行比色测定。但此染料在水中稳定性差，若用氯仿萃取可使其稳定 3～4 h，则可在波长 460 nm 处测定吸光度，同时测定的灵敏度得到提高，含酚量在 0.01～2.00 μg/mL 时，浓度与吸光度之间关系符合朗伯-比尔定律。

由于对位有取代基的酚类不能和 4-氨基安替比林起显色反应，因此本法测定的是苯酚以及含有邻位和间位取代基的酚类的总和，故其测定结果都以苯酚表示。

【主要仪器与试剂】

(1) 仪器

分析天平；分光光度计；容量瓶 250 mL；梨形分液漏斗 250 mL；吸量管 1，10 mL；量筒 10，250 mL；比色管 10 mL；烧杯 50 mL；脱脂棉。

(2) 试剂

无酚蒸馏水，酚标准溶液，4-氨基安替比林溶液（A. R），铁氰化钾溶液（A. R），NH_3-NH_4Cl 缓冲溶液（pH≈9.8），氯仿（A. R）。

【实验步骤】

(1) 试剂配制

① 无酚蒸馏水的制备：取蒸馏水置于全玻璃磨口蒸馏器中，加入 NaOH 溶液使之呈碱性，再滴加 $KMnO_4$ 溶液至深紫红色，加热蒸馏，馏出液贮于硬质玻璃瓶中。

② 2% 4-氨基安替比林溶液：称取 2 g 4-氨基安替比林溶于无酚蒸馏水中，并稀释至 100 mL，贮于棕色瓶中。此溶液要新鲜配制（存于冰箱内可用 1 周，但颜色变深则需重新配制）。

③ 8%铁氰化钾溶液：称取 8 g 铁氰化钾（$K_3[Fe(CN)_6]$）溶于无酚蒸馏水中，并稀释至 100 mL，贮于棕色瓶中。此溶液要新鲜配制（存于冰箱内可用 1 周，但颜色变深则需重新配制）。

④ NH_3-NH_4Cl 缓冲溶液（pH≈9.8）：称取20 g NH_4Cl溶于100 mL 浓氨水中，贮于塑料瓶中。

⑤ 酚标准溶液。

酚的精制：先将苯酚在温热水浴中溶化，倒适量于蒸馏瓶中，插一支 250 ℃温度计，在电热板上加热蒸馏，用空气冷凝收集 182～184 ℃蒸馏液于锥形瓶中，瓶外用冷水冷却。酚蒸馏液冷却后为无色结晶体，贮于棕色瓶中，置暗处保存备用。

酚标准溶液配制：准确称取 0.250 g 精制苯酚于小烧杯中，加水溶解后转入 250 mL 容量瓶中，并稀释至刻度位置，摇匀，保存于冰箱中，此储备液 $C_{苯酚}=1\,000\ \mu g/mL$。

酚标准应用液：用吸量管准确地吸取 1.00 mL 酚标准储备液于 1 L 容量瓶中，用无酚蒸馏水稀释至刻度位置，摇匀。此应用液 $C_{苯酚}=1.00\ \mu g/mL$。

(2) 标准曲线的绘制

准确吸取酚标准应用液（1.00 μg/mL）0.00，2.00，4.00，6.00，8.00，10.00 mL 分别放入 6 个 250 mL 梨形分液漏斗中，用蒸馏水稀释至 200 mL，分别加入 2 mL 的 $NH_4Cl—NH_3$ 缓冲溶液（pH=9.8），摇匀；加入 1 mL 2% 4-氨基安替比林溶液，摇匀；加入 1 mL 8%铁氰化钾溶液，摇匀后静置 5 min。然后再各加 10 mL 氯仿，振摇 2 min，分层后在分液漏斗颈管中塞入脱脂棉花以便吸去水分。放出氯仿层于 10 mL 比色管中。在 λ=460 nm 处，用 1 cm 比色皿，以氯仿空白液为参比，测定各溶液的吸光度。以吸光度对酚标准浓度绘制标准曲线。

(3) 水样中酚的测定

取水样（当水样相当洁净且无干扰物存在时，可以取样直接测定）200 mL 于 250 mL 梨形分液漏斗中，依次加入 2 mL $NH_4Cl—NH_3$ 缓冲溶液、1 mL 4-氨基安替比林溶液、1 mL 铁氰化钾溶液（每加入一种试剂均需摇匀），静置 15 min，用 10 mL 氯仿萃取，与标准系列相同条件下测定其吸光度。从标准曲线上查得相当于标准溶液的含酚量，并以每升水样中含酚的毫克数表示。

【数据记录与处理】

(1) 标准曲线的绘制

数据记入表 3-6 中。

表 3-6　数据记录表

酚标液体积/mL	0.00	2.00	4.00	6.00	8.00	10.00
$C_{酚}/(\mu g/mL)$						
吸光度 A						

以酚标液的浓度为横坐标，相应的吸光度为纵坐标，绘制标准曲线。

(2) 水样中酚含量的计算

根据水样中酚氯仿萃取液的吸光度，从标准曲线上查得此萃取液相应的酚浓度 C_x，并以每升水样中含酚的毫克数表示：

水样中含酚量（以苯酚计算，mg/L）$=C_x \times 10.00 \times 10^{-3}/V_{水样}$（mL）$\times$ 1 000

【注意事项】

(1) 水样采集后应在 4 h 内进行测定，否则应在每升水样中加入 2 g 的 NaOH 溶液（或 5 mL 40%NaOH 溶液）或 1 g $CuSO_4 \cdot 5H_2O$ 保存，可稳定 24 h（因酚钠较稳定）。

(2) 加入试剂顺序应严格按照操作规程，不得随意更改，因为 4-氨基安替比林与酚反应分三步进行：

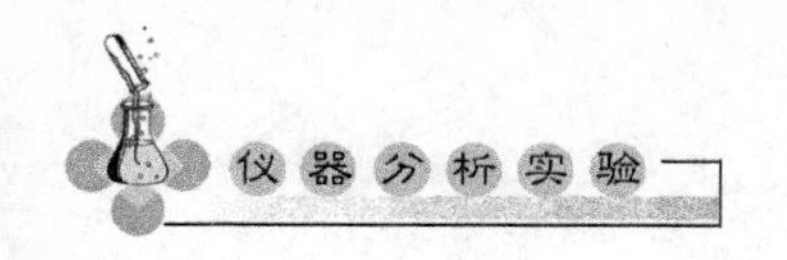

① 加入缓冲液使溶液呈碱性，以阻止4-氨基安替比林试剂分解。

② 加入4-氨基安替比林，使之与酚缩合。

③ 加入铁氰化钾，使之将上述缩合物氧化成醌式结构的红色安替比林染料。

(3) 反应一定要控制在碱性条件下进行。因为在非碱性条件下2 mol 4-氨基安替比林可失去1 mol氨而缩合成也能溶于氯仿的安替比林红而干扰测定。另外，水样中各种芳香胺能与4-氨基安替比林缩合生成吲哚胺红色染料，其影响在pH=9.6～11.5时最小，若采用在pH=9.8～10.2介质中显色可将它们的干扰降低到最小。

(4) 水样的处理。氧化性物质、还原性物质、重金属离子、各种芳香胺以及试样的颜色和活度对本法都有干扰。无机还原性物质（S^{2-}，Fe^{2+}）的水样必须经过蒸馏除去。氧化性物质可用硫酸亚铁或亚砷酸钠还原后再蒸馏除去。

【问题与讨论】

(1) 测定中通过改变何种条件可将吸光度值控制在读数误差最小的范围？

(2) 空白溶液的选择原则是什么？

(3) 什么是萃取比色法？有何优点？本实验的显色剂、萃取剂各是哪种试剂？在水样中加入各种试剂的顺序为什么不能颠倒？

实验3.2.4 分光光度法测定混合液中钴和铬的含量

【实验目的】

(1) 掌握分光光度法同时测定双组分的原理和方法。

(2) 进一步巩固分光光度法基本理论，熟悉紫外-可见分光光度计的使用。

【实验原理】

吸光度具有加和性，在某一波长下总吸光度等于各个组分吸光度的总和。当混合物中含多种吸光物质时，可不经分离即可实现对混合物中多组分的分析。对二元组分混合物的测定，当两组分 A 及 B 的吸收光谱互不重叠时，只要分别在各自的最大吸收波长 λ_1 和 λ_2 处测定试样组分 A 及 B 的吸光度，就可以得到其相应的含量，这与单组分的测定无异。若 A 和 B 的吸收光谱互相重叠，如图 3-1 所示。

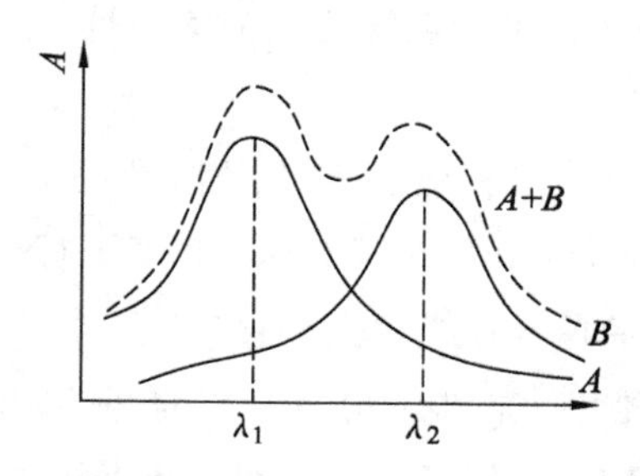

图 3-1 相互重叠的 A 及 B 混合物的吸收光谱

设在 A 和 B 的最大吸收波长 λ_1 和 λ_2 处测量得总吸光度 $A_{\lambda_1}^{A+B}$ 和 $A_{\lambda_2}^{A+B}$，并设比色皿的厚度为 1 cm，可由下列关系式求出各自的浓度：

$$A_{\lambda_1}^{A+B}=A_{\lambda_1}^{A}+A_{\lambda_1}^{B}=\varepsilon_{\lambda_1}^{A}c_A+\varepsilon_{\lambda_1}^{B}c_B$$

$$A_{\lambda_2}^{A+B}=A_{\lambda_2}^{A}+A_{\lambda_2}^{B}=\varepsilon_{\lambda_2}^{A}c_A+\varepsilon_{\lambda_2}^{B}c_B$$

式中，$\varepsilon_{\lambda_1}^{A}$，$\varepsilon_{\lambda_1}^{B}$，$\varepsilon_{\lambda_2}^{A}$，$\varepsilon_{\lambda_2}^{B}$ 分别代表组分 A 和 B 在 λ_1 与 λ_2 处的摩尔吸光系数。

本实验测定 Cr 和 Co 的混合物，先配制 Cr 和 Co 的系列标准溶液，然后分别在 λ_1 和 λ_2 处测量 Cr 和 Co 系列标准溶液的吸光度，并绘制工作曲线，所得 4 条工作曲线的斜率即为 Cr 和 Co 在 λ_1 和 λ_2 处的摩尔吸光系数，代入联立上述方程式即可求出 Cr 和 Co 的浓度。

【主要仪器与试剂】

（1）仪器

可见分光光度计 1 台，50 mL 容量瓶 9 个，10 mL 吸量管 2 支。

（2）试剂

0.700 mol/L $Co(NO_3)_2$ 溶液，0.200 mol/L $Cr(NO_3)_3$ 溶液。

【实验步骤】

（1）准备工作

① 清洗容量瓶、吸量管及需用的玻璃器皿。

② 配制 0.700 mol/L Co（NO_3）$_2$ 溶液和 0.200 mol/L Cr（NO_3）$_3$ 溶液。

③ 按仪器使用说明书检查仪器。开机预热 20 min，并调试至工作状态。

④ 检查仪器波长的正确性和吸收池的配套性。

（2）标准溶液的配制

① $Co(NO_3)_2$ 标准溶液配制：取 4 只洁净的 50 mL 容量瓶分别加入 2.50，5.00，7.50，10.00 mL 0.700 mol/L CO（NO_3）$_2$ 溶液，用蒸馏水将各容量瓶中的溶液稀释至标线，充分摇匀。

② $Cr(NO_3)_3$ 标准溶液配制：取 4 只洁净的 50 mL 容量瓶，分别加入 2.50，5.00，7.50，10.00 mL 0.200 mol/L $Cr(NO_3)_3$ 溶液，用蒸馏水将各容量瓶中的溶液稀释至标线，充分摇匀。

（3）绘制吸收光谱曲线

绘制 $Co(NO_3)_2$ 和 $Cr(NO_3)_3$ 的吸收光谱曲线，并确定入射光波长 λ_1 和 λ_2。取配制的 $Co(NO_3)_2$ 和 $Cr(NO_3)_3$ 系列标准溶液中各一份，以蒸馏水为参比溶液，在 420～700 nm，每隔 20 nm 测一次吸光度（在峰值附近可每隔 2 nm 测定），分别绘制 $Co(NO_3)_2$ 和 $Cr(NO_3)_3$ 系列标准溶液的吸收曲线，并确定 λ_1 和 λ_2。

（4）工作曲线的绘制

以蒸馏水为参比，在 λ_1 和 λ_2 处分别测定步骤（2）配制的$Co(NO_3)_2$ 和 $Cr(NO_3)_3$ 系列标准溶液，并记录各溶液不同波长下的各相应吸光度值。

（5）未知试液的测定

取一个洁净的 50 mL 容量瓶，加入 5.00 mL 未知试液，用蒸馏水稀释至标线，摇匀。在波长 λ_1 和 λ_2 处测量试液的吸光度和 $A_{\lambda_1}^{Cr+Co}$ 和 $A_{\lambda_2}^{Cr+Co}$。

（6）结束工作

测量完毕关闭仪器电源，取出吸收池，清洗晾干后放入盒内保存，清理工作台，罩上仪器防尘罩，填写仪器使用记录。清洗容量瓶及其他所用的玻璃器皿，并放回原处。

【数据记录与处理】

(1) 绘制 $Co(NO_3)_2$ 和 $Cr(NO_3)_3$ 的吸收曲线，确定 λ_1 和 λ_2，记录数据于表 3-7 中。

表 3-7　数据记录表

波长 λ/nm	420	440	460	480	…	680	700
$Co(NO_3)_2$ 吸光度							
$Cr(NO_3)_3$ 吸光度							

(2) 分别绘制 $Co(NO_3)_2$ 和 $Cr(NO_3)_3$ 在 λ_1 和 λ_2 下的 4 条工作曲线，并求出 $\varepsilon_{\lambda_1}^{Co}$，$\varepsilon_{\lambda_2}^{Co}$，$\varepsilon_{\lambda_1}^{Cr}$，$\varepsilon_{\lambda_2}^{Cr}$，记录数据于表 3-8 中。

表 3-8　数据记录表

试液	$Co(NO_3)_2$ 溶液				$Cr(NO_3)_3$ 溶液				未知样液
编号	1	2	3	4	1	2	3	4	5
标准溶液体积 V/mL	2.50	5.00	7.50	10.00	2.50	5.00	7.50	10.00	/
λ_1/nm									
λ_2/nm									

(3) 利用方程计算未知样品中 $Co(NO_3)_2$ 和 $Cr(NO_3)_3$ 的浓度。

【注意事项】

(1) 作吸收曲线时，每改变一次波长，都必须重调参比溶液 $T=100\%$，$A=0$。

(2) 在每次测定前，应首先作比色皿配对性试验。

【问题与讨论】

(1) 同时测定两组分混合液时，应如何选择入射光波长？

(2) 如何测定三组分混合液？

实验 3.2.5　有机化合物紫外吸收光谱及取代基和溶剂效应对吸收光谱的影响

【实验目的】

（1）学习紫外吸收光谱的绘制方法。

（2）了解取代基及溶剂性质对吸收光谱的影响。

（3）熟悉有机化合物结构与紫外光谱之间的关系，熟悉各个吸收带的特点。

【实验原理】

紫外吸收光谱与可见吸收光谱同属电子光谱，都是由分子中价电子能级跃迁产生的。与可见吸收光谱相比，它具有一些突出的优点，能对紫外波段有吸收峰的物质进行鉴定和结构分析，尽管物质的紫外吸收光谱较为简单，光谱的特征不强，需要与红外光谱、核磁共振波谱和质谱等方法配合使用，才能准确分析。尽管如此，对于有机化合物的结构鉴定，紫外吸收光谱仍不失为一种有用的辅助手段，特别是对于芳香族化合物的鉴定或推断能提供许多有用的信息。

苯具有环状共轭体系，易发生 $\pi \rightarrow \pi^*$ 电子跃迁而在紫外区产生 3 个特征吸收带。位于 185 nm 和 204 nm 处的强吸收带，称为 E_1 吸收带和 E_2 吸收带；在 230～270 nm 处，有一系列较弱的吸收带，是由 $\pi \rightarrow \pi^*$ 跃迁和苯环的振动相重叠引起的，称为 B 吸收带；B 带上出现的精细结构吸收峰，可用于辨识芳香族化合物。

如果苯环上存在取代基，取代基的共轭效应和诱导效应将对苯的吸收带产生强烈影响。一般取代基的存在能使吸收带波长产生红移，红移的大小取决于取代基的结构、性质及取代的位置。当苯环上的氢被生色团取代后，由于共轭效应，$\pi \rightarrow \pi^*$ 跃迁吸收带将产生较大的红移，苯环的 E_2 吸收带将移到高于 210 nm 区域，习惯上将此吸收带称为 K 吸收带，而 B 吸收带波长将移到高于 260 nm 区域。随着吸收带红移，吸收强度也将增强。如果苯环上有助色基团取代基，由于助色基团杂原子中未成键的 n 电子与环上 π 电子形成 P－π 共轭，也能使 $\pi \rightarrow \pi^*$ 跃迁 K、B 吸收带产生红移。

取代基中如含有带n电子的杂原子，则还将出现n→π^*跃迁的R吸收带，但R吸收带波长一般出现在300 nm以上区域，强度很弱。取代基对芳烃吸收带的影响与取代基结构、个数和位置有关。研究取代基对芳烃吸收带的影响规律，对确定有机化合物结构具有重要的作用。

由于溶剂的极性不同而引起有机物紫外吸收光谱的吸收峰的波长、强度及形状产生变化，这种现象被称为溶剂效应。在气态或非极性溶剂中，苯及其许多同系物的B吸收带有精细结构，当溶剂由非极性改变为极性时，B吸收带的精细结构消失，吸收带变平滑。溶剂的极性越强，由π—π^*跃迁产生的谱带向长波方向移动越显著，即红移越大。与此相反，所用溶剂的极性越强，则n—π^*跃迁产生的谱带向短波方向移动越明显，即蓝移越大。

【主要仪器和试剂】

（1）仪器

紫外-可见分光光度计、1 cm石英比色皿、分析天平、容量瓶、微量移液器。

（2）试剂

苯、苯甲醛、苯甲酸、硝基苯、苯丙烯酸、异亚丙基丙酮、甲醇、乙醇、氯仿和正己烷，以上试剂均为分析纯。

【实验步骤】

（1）准备工作

打开仪器，预热20 min，并按仪器说明书调试仪器至正常工作状态。

（2）溶液配制

① 0.1 mg/mL苯、苯甲醛、苯甲酸、硝基苯、苯丙烯酸的乙醇溶液：取5只100 mL容量瓶，各注入10 μL苯、苯甲醛、苯甲酸、硝基苯、苯丙烯酸，用乙醇稀释至刻度位置，摇匀。

② 0.1 mg/mL异亚丙基丙酮的水、甲醇、氯仿和正己烷溶液：取4只100 mL容量瓶，各注入10 μL异亚丙基丙酮，分别用水、甲醇、氯仿和正己烷溶液稀释至刻度位置，摇匀。

（3）取代基对吸收光谱的影响

用1 cm石英比色皿，以乙醇为参比，选择狭缝宽度为0.5 nm，在

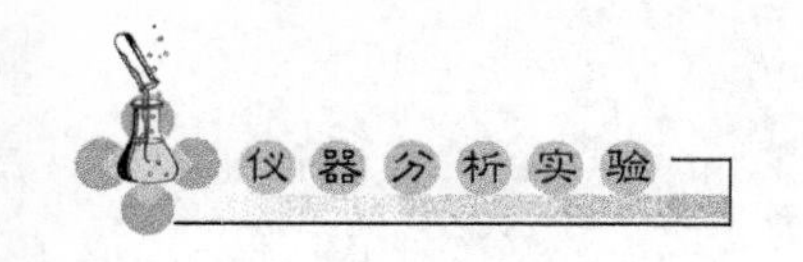

210～350 nm 范围分别扫描 0.1 mg/mL 苯、苯甲醛、苯甲酸、硝基苯、苯丙烯酸的乙醇溶液的紫外吸收光谱。比较吸收光谱中吸收峰的变化情况。

(4) 溶剂性质对吸收光谱的影响

用 1 cm 石英比色皿，以相应的溶剂为参比，选择狭缝宽度为 0.5 nm，在 210～350 nm 范围分别扫描 0.1 mg/mL 异亚丙基丙酮的水、甲醇、氯仿和正己烷溶液的紫外吸收光谱，比较溶剂对吸收光谱的影响。

(5) 结果记录

记录下每种化合物的吸收峰对应的波长及吸光度值。

【数据记录与处理】

(1) 记录实验条件。

(2) 分别确定苯、苯甲醛、苯甲酸、硝基苯、苯丙烯酸的 K 吸收带和 B 吸收带的波长，比较不同发色基团对芳烃吸收带的影响。

(3) 从异亚丙基丙酮的四张紫外吸收光谱中，确定其 K 吸收带和 R 吸收带最大吸收波长，并说明在不同极性溶剂中异亚丙基丙酮吸收峰波长移动的情况。

【注意事项】

(1) 实验所用试剂应为光谱纯或经提纯处理后使用。

(2) 石英比色皿每换一种溶液或溶剂必须清洗干净，并用被测溶液或参比液洞洗 3 次。实验结束，石英比色皿内部用去离子水冲洗，然后用少量乙醇或丙酮脱水处理，常温放至干燥。

(3) 使用仪器前应先了解仪器结构、功能和操作规程。在仪器自检和扫描过程中不得打开样品室。对于易挥发试样，应给比色皿盖上盖再测量。

【问题与讨论】

(1) 苯环上不同性质的取代基对苯的吸收峰有何影响？试阐述规律。

(2) 影响有机化合物溶液的紫外吸收光谱形状有哪些主要因素？

(3) 举例说明生色团和助色团？什么是红移、蓝移现象？

实验 3.2.6 紫外-可见分光光度法测定饮料中苯甲酸的含量

【实验目的】

（1）了解苯甲酸的紫外吸收特征。

（2）学习用标准曲线法对苯甲酸进行定量分析。

【实验原理】

为了保持食品原有的品质和营养价值，防止因微生物引起食品腐败变质，常需在食品中添加少量防腐剂。苯甲酸（又名苯甲酸）及其钠盐、钾盐是目前允许使用的主要防腐剂之一，常用于酱油、醋、酱菜、碳酸饮料等产品的抑菌防腐。该类防腐剂在酸性条件下具有较好的防腐效果，因而特别适用于偏酸性食品的防腐。苯甲酸及其盐类用量过多会对人体肝脏产生危害，甚至致癌，为确保绝对安全使用，我国对苯甲酸及其盐的使用范围及使用量在食品卫生标准中均做了严格的规定，如在碳酸饮料中最大使用量为 0.2 g/kg，食醋中最大使用量为 1.0 g/kg，故对该类防腐剂的监测具有重要意义。苯甲酸具有芳香结构，在 230 nm 和 272 nm 波长处有 E 吸收带和 B 吸收带，此为芳香族化合物的特征吸收带，因此可根据这一紫外吸收光谱特征对苯甲酸进行定性和定量分析。

饮料中防腐剂用量很少，共存的其他组分可能会对测定产生干扰，因此一般需要预先将苯甲酸与其他成分分离，并经提纯浓缩后进行测定。常用的分离防腐剂的方法有蒸馏法和溶剂萃取法等。本实验采用溶剂萃取法，用乙醚将苯甲酸从饮料中提取出来，再经碱性水溶液处理和乙醚提取，以达到分离、提纯的目的。

【主要仪器和试剂】

（1）仪器

紫外-可见分光光度计；电子天平；容量瓶 10，25，100 mL；吸量管 1，2，5 mL；分液漏斗 150，250 mL。

（2）试剂

苯甲酸（A. R），乙醚（$C_2H_5OC_2H_5$），NaCl，盐酸（0.05，0.1，2 mol/mL），1%$NaHCO_3$ 溶液。

【实验步骤】

(1) 分离出苯甲酸

称取 2.0 g 样品，用 40 mL 蒸馏水稀释，移入 150 mL 分液漏斗中，加入适量 NaCl 颗粒，待溶解后滴加 0.1 mol/mL 盐酸，使溶液的 pH＜4.0。依次用 30，20，20 mL 乙醚分 3 次萃取样品溶液，合并乙醚萃取液并弃去水相。用两份 30 mL 0.05 mol/mL 盐酸洗涤乙醚萃取液，弃去水相。然后用 3 份 20 mL 1% $NaHCO_3$ 溶液依次萃取乙醚溶液，合并 $NaHCO_3$ 溶液，用 2 mol/mL 盐酸酸化 $NaHCO_3$ 溶液并多加 1 mL 盐酸，将该溶液移入 250 mL 分液漏斗中。依次用 25，25，20 mL 乙醚分三次萃取已酸化的 $NaHCO_3$ 溶液，合并乙醚溶液并移入 100 mL 容量瓶中，用乙醚定容后，吸取 2 mL 于 10 mL 容量瓶中，定容后供紫外光谱测定。

如果样品中无干扰组分，则无须分离，直接测定。以雪碧为例，可直接吸取 1 mL 移入 50 mL 容量瓶中，用蒸馏水稀释定容后供紫外光谱测定。

(2) 苯甲酸的定性鉴定

取经提纯稀释后的乙醚萃取液，用 1 cm 石英比色皿，以乙醚为参比，在 200～300 nm 波长范围作紫外吸收光谱，根据其最大吸收波长、吸收强度以及与苯甲酸标准谱图的对照来定性鉴定。

(3) 苯甲酸的定量测定

① 配制苯甲酸标准溶液：准确称取 0.10 g（准确至 0.1 mg）苯甲酸，用乙醚溶解，移入 25 mL 容量瓶中，用乙醚定容。吸取 1 mL 该溶液用乙醚定容至 25 mL 容量瓶，此溶液含苯甲酸 0.16 mg/mL，并将其作为储备液。吸取5 mL储备液于25 mL容量瓶中，定容后成为浓度为32 μg/mL的苯甲酸标准溶液。分别吸取该标准溶液 0.5，1.0，1.5，2.0，2.5 mL 于 5 个10 mL 容量瓶中，用乙醚定容。

② 用 1 cm 石英比色皿，以乙醚为参比，以苯甲酸 E 吸收带最大吸收波长为入射光波长，分别测定上述 5 个标准溶液的吸光度，记录数据。

③ 用步骤（2）中定性鉴定后样品的乙醚萃取液，按上述与测定标准溶液同样的方法测定其吸光度，并记录数据。

【数据记录与处理】

（1）吸收曲线的绘制

实验数据记入表3-9。

表3-9 苯甲酸吸收曲线实验数据记录

波长 λ/nm	200	210	220	225	230	235	240	250	260	270	280	290	300
吸光度 A													

作吸收曲线图，确定最大吸收波长 λ_{max}。

（2）标准曲线的绘制

实验数据记录于表3-10。

表3-10 标准曲线实验数据记录

编号	1	2	3	4	5
苯甲酸标液加入体积/mL					
苯甲酸标液密度 ρ/(μg/mL)					
吸光度 A					

以各标准溶液 ρ 为横坐标，以相应的 A 为纵坐标，绘制标准曲线。

（3）样品测定

从标准曲线上求得乙醚萃取样中苯甲酸的质量浓度 ρ_x(μg/mL)，计算出饮料中苯甲酸的含量。

【注意事项】

（1）紫外-可见分光光度法为微、痕量分析技术，待测物浓度大于0.01 mol/mL会偏离朗伯-比耳定律，此方法不适用。

（2）不同品牌饮料中的防腐剂含量不同，取样时可依据实际情况进行增减。

【问题与讨论】

（1）常见食品中的防腐剂有哪些？可用哪些方法进行分离？

（2）样品中的防腐剂标准是多少？有没有超标？

（3）除紫外分光光度法外，苯甲酸的检测方法还有哪些？

（4）萃取过程中经常出现乳化或不易分层的现象，应采取什么方法加以解决？

实验 3.2.7　紫外吸收光谱法鉴定苯酚并测定其含量

【实验目的】

(1) 掌握紫外分光光度计的基本构造和使用方法。

(2) 掌握苯酚含量的测定方法。

【实验原理】

苯酚又名石炭酸，是一种重要的化工原料，为无色针状或白色块状有芳香味的晶体。在常温下微溶于水，当温度高于 65 ℃时，可与水以任意比例互溶，能溶于乙醇、乙醚、氯仿、甘油、二硫化碳等有机溶剂。苯酚是一种可致癌的有机污染物，含酚废水如果流入河流，就会使水质污染。饮用水中含少量酚就能影响人体健康，因而在检测饮用水的卫生质量时，常需对水中酚的含量进行测定。苯酚在 270～295 nm 波长处有特征吸收峰，在一定范围内其吸收强度与苯酚的含量成正比，应用朗伯-比耳定律可直接定量测定水中总酚的含量。

溶液的 pH 值有可能影响被测物吸光强度，甚至还可能影响被测物的峰位形状和位置。苯酚的紫外吸收光谱就与溶液的 pH 值有关，这是因为苯酚在溶液中存在如下电离平衡：

$$C_6H_5OH \underset{H^+}{\overset{OH^-}{\rightleftharpoons}} C_6H_5O^-$$

苯酚在紫外区有三个吸收峰，在酸性或中性溶液中，λ_{max} 为 194，210，272 nm，在碱性溶液中 λ_{max} 位移至 207，235，288 nm。苯酚分子中 OH 基团含两对孤对电子，与苯环上 π 电子形成 $n \rightarrow \pi^*$ 共轭。苯酚在碱性介质中能形成苯酚阴离子，氧原子上孤对电子增加到三对，使 $n \rightarrow \pi^*$ 共轭作用进一步加强，从而导致吸收带红移，同时吸收强度也有所加强。由于苯酚在酸、碱溶液中吸收光谱不一致，实验选择在碱性条件下测试，利用标准曲线法进行定量测定。

【主要仪器和试剂】

(1) 仪器

TU1810 紫外-可见分光光度计（或其他型号仪器）；1 cm 石英比色皿

1套；25，100 mL 容量瓶；10 mL 移液管。

（2）试剂

① 250 mg/L 苯酚标准溶液：准确称取 0.025 0 g 苯酚于 250 mL 烧杯中，加入去离子水 20 mL 使之溶解，混合均匀，移入 100 mL 容量瓶中，用去离子水稀释至刻度位置，摇匀。

② 苯酚系列标准溶液：取 5 只 25 mL 容量瓶，分别加入 1.00，2.00，3.00，4.00，5.00 mL 250 mg/mL 苯酚标准溶液，用去离子水稀释至刻度，摇匀。

③ 苯酚待测液。

【实验步骤】

（1）测定前的准备工作

① 打开样品室盖，检查样品室内有无样品。

② 仪器接通电源，打开电脑，进入工作站，联机，等待仪器自检。

③ 自检程序结束后，检查仪器波长正确性，并进行石英比色皿的配套性实验。

（2）吸收曲线的绘制

① 基线扫描：设置好“光谱扫描”参数后，用 1 cm 石英吸收池，以蒸馏水作为空白参比，扫描基线。

② 标样扫描：取上述苯酚标准系列的任一溶液，装入 1 cm 石英比色皿中，设置仪器参数，选择在 200～360 nm 波长范围内扫描，获得吸收光谱曲线，“峰值检验”后显示最大吸收波长数据。

（3）苯酚鉴定

根据得到的 λ_{max} 计算峰值波长处 ε_{max} 值，与苯酚紫外吸收光谱数据表（见表 3-11）对比，鉴定苯酚。

表 3-11　苯酚紫外吸收光谱数据

λ_{max1}/nm	λ_{max2}/nm	ε_{max1}/(L·mol^{-1}·cm^{-1})	ε_{max2}/(L·mol^{-1}·cm^{-1})	$\varepsilon_{max1}/\varepsilon_{max2}$
210	272	6 100	1 625	3.8

（4）标准曲线的绘制

进入定量测定页面，设置参数。在已确定的 λ_{max} 下，以装有蒸馏水的

1 cm 石英比色皿作为空白参比校零，由低到高依次将系列标准溶液和待测溶液装入石英比色皿中，按测试程序的提示进行吸光度的测定。

（5）测定苯酚含量

吸取三份苯酚试样，根据溶液浓度情况，适当稀释后，用 1 cm 石英吸收池，以蒸馏水作为空白参比，在确定的入射光波长处测定吸光度，求出水样中苯酚的含量。

【数据记录与处理】

（1）绘制吸收曲线。

（2）绘制标准曲线，计算出样品浓度。

【注意事项】

（1）在仪器开始扫描或自检的过程中，不要按动任何键，不要打开样品室盖子，不测定时，应打开暗箱以保护光电管。

（2）实验完毕，及时把比色皿洗净、晾干，放回比色皿盒中。清洗比色皿一般用水，若有有机物沾污，宜用 HCl－乙醇（1＋2）浸泡片刻，再用水冲洗，不能用碱液或者强氧化性洗液清洗，切勿用毛刷刷洗。

（3）切勿将任何样品或溶液溅于仪器上或样品室内，以免沾污和腐蚀仪器。

【问题与讨论】

（1）本实验中能否用普通光学玻璃比色皿进行测定？为什么？

（2）比较苯酚在酸性或中性溶液及碱性溶液中的吸收曲线的差别，说明其原因。

实验 3.2.8　紫外吸收光谱测定蒽醌试样中蒽醌的含量和摩尔吸收系数

【实验目的】

（1）学习紫外光谱测定蒽醌含量的原理和方法。

（2）了解样品中有干扰物质存在时入射波长的选择方法。

【实验原理】

蒽醌是一种重要的染料中间体，它能产生 $\pi\rightarrow\pi^*$ 跃迁和 $n\rightarrow\pi^*$ 跃迁。

蒽醌在波长 251 nm 处有一强吸收峰（ε=45 820 L · mol^{-1} · cm^{-1}），在波长 323 nm 处有一中等强度的吸收峰（ε=4 700 L · mol^{-1} · cm^{-1}）。用紫外吸收光谱分析时，一般选择最大吸收波长进行定量测定。然而，工业蒽醌中常含有副产品邻苯二甲酸酐，它在 251 nm 波长处会对蒽醌的测定产生干扰，两者的紫外吸收光谱如图 3-3 所示。

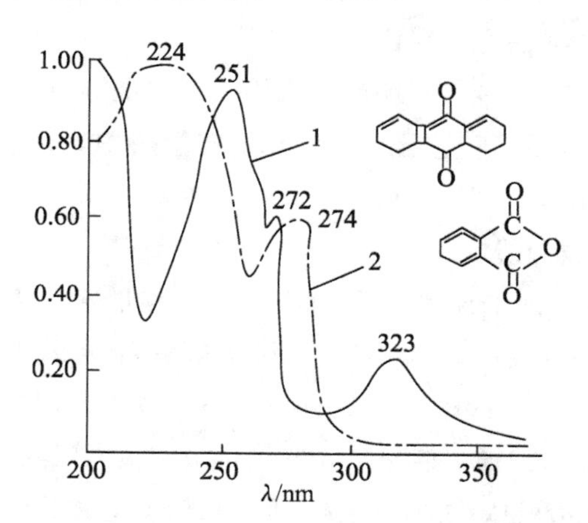

图 3-3　蒽醌（曲线 1）和邻苯二甲酸酐（曲线 2）在甲醇中的紫外吸收光谱

因此，为了避开其干扰，实际定量测量时选用 323 nm 波长作为测定蒽醌的测定波长。由于甲醇在 250～350 nm 无吸收干扰，因此可用甲醇为参比溶液。

【主要仪器和试剂】

（1）仪器

TU1810 紫外-可见分光光度计；电子天平；1 000，100，50 mL 容量瓶各一个；10 mL 容量瓶 10 个。

（2）试剂

蒽醌、邻苯二甲酸、甲醇（均为 A. R.），工业品蒽醌试样。

【实验步骤】

（1）仪器使用前准备

① 打开样品室盖，取出样品室内干燥剂，接通电源，预热 20 min 并点亮氘灯。

② 检查仪器波长示值准确性。清洗石英吸收池，进行配套性检验。

③ 将仪器调试至工作状态。

(2) 蒽醌系列标准溶液的配制

① 4.0 g/L 蒽醌标准储备液：准确称取 0.200 0 g 蒽醌，加甲醇溶解后，转移至 50 mL 容量瓶中，用甲醇稀释至标线位置，摇匀后备用。

② 0.040 0 g/L 蒽醌标准溶液：吸取 1.0 mL 上述蒽醌储备液于 100 mL 容量瓶中，用甲醇稀释至标线位置，摇匀。

③ 0.090 0 g/L 邻苯二甲酸酐标准溶液：准确称取 0.090 0 g 邻苯二甲酸酐，加甲醇溶解后，转移至 1 000 mL 容量瓶中，用甲醇稀释至标线，摇匀。

(3) 绘制吸收曲线

① 蒽醌吸收曲线的绘制：取一只 10 mL 容量瓶，移入 2.00 mL 质量浓度为 0.040 0 g/L 蒽醌标准溶液，用甲醇稀释至标线位置，摇匀。用 1 cm 吸收池，以甲醇为参比，在 200～380 nm 波段，按实验 3.2.7 中操作步骤（2）进行光谱扫描，绘出吸收曲线，确定最大吸收波长。

② 邻苯二甲酸酐吸收曲线绘制：取 0.090 0 g/L 的邻苯二甲酸酐标准溶液于 1 cm 吸收池中，以甲醇为参比，在 240～330 nm 波段，进行光谱扫描，绘出吸收曲线，确定最大吸收波长。

(4) 绘制蒽醌工作曲线

用吸量管分别吸取 0.040 0 g/L 的蒽醌标准溶液 2.00，4.00，6.00，8.00 mL 于 4 个 10 mL 容量瓶中，用甲醇稀释至标线位置，摇匀。用 1 cm 吸收池，以甲醇为参比，在最大吸收波长处，分别测定吸光度，并记录之。

(5) 测定蒽醌试样中蒽醌含量

准确称取蒽醌试样 0.010 0 g，按溶解标样的方法溶解并转移至 250 mL容量瓶中，用甲醇稀释至标线位置，摇匀。吸取 3 份 4.00 mL 该溶液于 3 个 10 mL 容量瓶中，再以甲醇稀释至标线，摇匀。用 1 cm 吸收池，以甲醇为参比，在确定的入射光波长处测定吸光度并记录之。

【数据记录与处理】

(1) 绘制出蒽醌及邻苯二甲酸酐吸收曲线，根据谱图，选择合适的测定波长。

（2）绘制蒽醌的标准曲线，计算回归方程和相关系数。

（3）利用标准曲线，计算试样中蒽醌的含量。

【注意事项】

（1）实验应完全无水，故所有玻璃器皿应保持干燥。

（2）甲醇易挥发，对眼睛有害，使用时应注意安全。

【问题与讨论】

（1）若要同时测出产品中蒽醌和邻苯二甲酸酐的含量，应如何设计实验方案？

（2）本实验为什么要用甲醇作参比溶液？

第4章 CHAPTER 4 原子吸收光谱法

【知识目标】

了解原子分光光度计的类型和主要性能。

理解原子吸收光谱法的基本原理。

掌握火焰原子吸收光谱法和石墨炉原子吸收光谱法的方法、原理及操作要领。

熟悉原子吸收光谱分析测定条件的选择，掌握其定量分析方法（标准加入法、标准曲线法）。

【能力目标】

能根据特定样品分析检验的要求选择合适的原子化方法。

能进行原子吸收分光光度仪的正确操作、维护和保养。

能运用原子吸收光谱法测定试样中钙、镁、铜、锌等微量元素，能掌握方法操作要领。

能对分析数据进行处理，做出合理评价并填写检验报告书。

4.1 概　　述

原子吸收分光光度法（Atomic Absorption Spectrophotometry，AAS）基于以下原理：由待测元素空心阴极灯发射出一定强度和一定波长的特征谱线的光，当它通过含有待测元素基态原子蒸气的火焰时，其中部分特征谱线的光被吸收，而未被吸收的光经单色器照射到光电检测器上被检测，根据该特征谱线光强被吸收的程度，即可测得试样中待测元素的含量。

由于原子吸收分析是测量峰值吸收，因此需要能发射出共振线的锐线光作光源，待测元素空心阴极灯能满足这一要求。例如测定试液中镁时，可用镁元素空心阴极灯作光源，这种元素灯能发射出镁元素各种波长的特征谱线的锐线光（通常选用其中 Mg 285.21 nm 共振线）。

特征谱线被吸收的程度用朗伯-比耳定律表示：

$$A=\lg\frac{I_0}{I}=KLN_0$$

式中，A 为吸光度；K 为吸光系数；L 为吸收层厚度，即燃烧器的缝长，在实验中为一定值；N_0 为待测元素的基态原子数，由于在火焰温度下待测元素原子蒸气中基态原子的分布占绝对优势，因此可用 N_0 代表在火焰吸收层中的原子总数。当试液原子化效率一定时，待测元素在火焰吸收层中的原子总数与试液中待测元素的浓度 C 成正比，因此上式可写作：

$$A=K'C$$

式中，K'在一定实验条件下是一常数，即吸光度与浓度成正比，遵循朗伯-比耳定律。原子吸收分光光度分析具有快速、灵敏、准确、选择性好、干扰少和操作简便等优点，目前已得到广泛应用，可对 70 余种金属元素进行分析。火焰原子吸收分光光度分析的测定误差一般为 1%～2%，其不足之处是测定不同元素时，需要更换相应的元素空心阴极灯，给试样中多元素的同时测定带来不便。

4.2 实验部分

实验 4.2.1 原子吸收光谱法测定自来水中钙、镁的含量——标准曲线法

【实验目的】

（1）认知火焰原子吸收分光光度计，了解仪器各主要部件作用。

（2）学习原子吸收分光光度计规范操作使用技术，学习根据样品性质优化选择最佳实验条件的基本方法。

（3）学习钙、镁元素标准溶液的配制方法，掌握使用标准曲线法测定元素含量的定量分析方法。

【实验原理】

在一定条件下，由钙（镁）元素灯发射出一定强度和一定波长的特征光，在通过含有钙或镁的基态原子蒸气的火焰时，产生特征吸收，透过原子蒸气的特征光强度将减弱，并投射到光电检测器上被检出。光强减弱的程度与蒸气中该元素的浓度成正比，即吸收符合朗伯-比耳定律：

$$A=K'C$$

据此定量关系，利用工作曲线法即可测得自来水中钙、镁的含量。

原子吸收光谱分析中的标准曲线法与紫外-可见分光光度法分析中标准曲线法相似。因而，本实验先配制已知浓度的钙、镁离子系列标准溶液，依次测定其吸光度，绘制出标准曲线。再于相同条件下测出水样中各待测离子的吸光度，从标准曲线上查得水样中各待测离子的含量，即可求出原始试样中各元素含量。实验结果的准确性与标准曲线的线性程度有很大关系，分析过程中，必须保持标准溶液与试液的性质及组成接近，设法消除干扰，选择最佳测定条件，保证测定条件的一致，才能得到良好的工作曲线和准确的分析结果。原子吸收法标准曲线的斜率经常可能有微小变化，这是由于喷雾效率和火焰状态的微小变化而引起的，所以每次测定，应同时制作标准曲线，这一点和紫外-可见分光光度法有所不同。

【主要仪器和试剂】

（1）仪器

带火焰原子化器的原子吸收分光光度计，空气压缩机，乙炔钢瓶，钙、镁空心阴极灯，容量瓶，移液管。

（2）试剂

① 钙储备液（1 000 μg/mL，以钙计）：准确称取经 110 ℃下烘干至恒重的无水碳酸钙 0.613 3 g，用少量蒸馏水润湿后滴加 1 mol/L HCl 至完全溶解，移入 250 mL 容量瓶中，用去离子水稀释至刻度位置，摇匀备用。

② 镁储备液（1 000 μg/mL，以镁计）：准确称取经 800 ℃灼烧至恒

重的氧化镁 0.414 6 g，滴加 1 mol/L HCl 至完全溶解，移入 250 mL 容量瓶中，用去离子水稀释至刻度位置，摇匀备用。

③ 自来水样溶液：准确吸取自来水样 10 mL 置于 100 mL 容量瓶中，用去离子水稀释至刻度位置，摇匀。

【实验步骤】

（1）配制标准溶液

① 钙标准溶液。

移取 10 mL 质量浓度为 1 000 μg/mL 的钙储备液，置于 100 mL 容量瓶中，用去离子水稀释至刻度位置，摇匀，该溶液钙的浓度为 100 μg/mL。在 5 个 100 mL 容量瓶中，分别移入质量浓度为 100 μg/mL 的钙标准溶液 2.00，4.00，6.00，8.00，10.00 mL，用去离子水稀释至刻度位置，摇匀，这些标准系列溶液钙的浓度分别为 2.00，4.00，6.00，8.00，10.00 g/mL。

② 镁标准溶液。

移取 5 mL 质量浓度为 1 000 μg/mL 的镁储备液，置于 100 mL 容量瓶中，用去离子水稀释至刻度位置，摇匀，该溶液镁的浓度为 50 μg/mL。在 5 个 100 mL 容量瓶中，分别移入质量浓度为50 μg/mL钙标准溶液 1.00，2.00，3.00，4.00，5.00 mL，用去离子水稀释至刻度位置，摇匀，这些标准系列溶液镁的浓度分别为 0.5，1.0，1.5，2.0，2.5 μg/mL。

（2）开机检查，进行参数设置

① 检测设备各部件情况，检查气路的气密性，打开仪器，预热。

② 根据使用仪器要求，设置测量条件：a. 灯工作电流及灯位置：按照仪器说明书所推荐的数值范围选定灯电流，调节灯位置使其对准光轴，信号强度指示应为最大。b. 分析线：Ca 422.7 nm，Mg 285.2 nm。c. 狭缝宽度：根据说明书所推荐的光谱通带调节狭缝宽度，使吸光度大、稳定性好。d. 燃烧器高度：调节燃烧器位置，使长缝与光轴平行，位于光束的正下方并在同一垂面上，使吸光度最大的高度为最佳高度。e. 燃助比：根据厂家的推荐设定，或在不同燃助比下测定吸光度，选取使吸光度最大的燃助比。

(3) 钙、镁标准溶液的测定

① 在选定的实验条件下，按照操作章程点火，待火焰稳定后，用去离子水作空白，对仪器进行调校。

② 将钙标准系列溶液按浓度由低到高依次喷入火焰，测定吸光度并记录。用去离子水清洗和调零后，在相同实验条件下测出自来水样中钙的吸光度并记录。

③ 换镁空心阴极灯，按测定钙的步骤测得镁标准系列溶液及水样中镁的吸光度并记录。

(4) 实验结束工作

测量完毕后，用去离子水喷数分钟清洗原子化系统，按照仪器说明关机，经检查确认无误后方可离开。

【数据记录与处理】

(1) 记录实验条件

光谱仪工作数据记入表 4-1 中。

表 4-1 光谱仪工作条件

被测元素	分析线/nm	灯电流/mA	狭缝宽度/mm	燃烧器高/mm	空气流量/(L/min)	乙炔流量/(L/min)
Ca						
Mg						

(2) 绘制标准曲线

实验数据记入表 4-2。

表 4-2 钙、镁标准曲线的绘制

编号	1	2	3	4	5
钙标准溶液浓度/(μg/mL)					
吸光度 A					
镁标准溶液浓度/(μg/mL)					
吸光度 A					

以测定的吸光度为纵坐标、质量浓度为横坐标，绘制标准曲线，作出回归方程，计算出相关系数。

（3）水样中钙、镁含量的测定

实验数据记入表4-3。

表4-3 水样的测定

序号	取样量/mL	定容体积/mL	吸光度 *A*	钙的浓度/(mg/mL)	镁的浓度/(mg/mL)	测定结果
第一次						
第二次						
平均值						

计算自来水样中钙、镁的实际含量，写出计算式。

【注意事项】

（1）对于高压钢瓶的使用，要严格按照操作步骤进行。点火前需检查气路及其接头和封口是否漏气，水封是否完好。切记点火时，先开助燃气再打开燃气，熄灭火焰时，要先关燃气，后关助燃气。此顺序千万不可颠倒，防止回火、爆炸，确保安全。

（2）控制好燃烧器的位置，使空心阴极灯发出的光线在燃烧器的正上方，与之平行。

（3）实验结束时，让火焰继续点燃并吸喷去离子水5 min以清洗原子化器。

（4）自来水样中钙、镁离子浓度应在系列标准溶液包括的浓度范围内，否则需增大或减小取样量，或者重新配制系列标准溶液。

【问题与讨论】

（1）为什么在测量溶液吸光度之前要用去离子水调零？

（2）测定不同元素时为何需用相应的元素灯？

（3）火焰原子吸收光谱法有哪些特点？

（4）若实验中突然断电，应如何处理这一紧急情况？

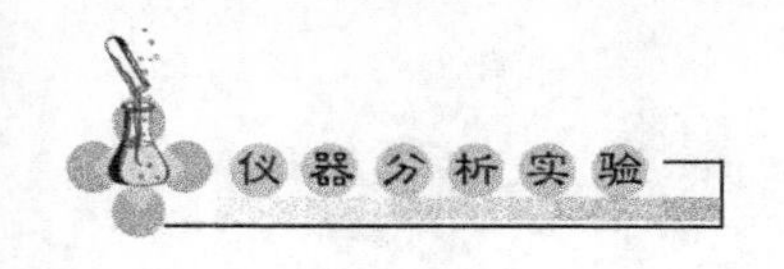

实验 4.2.2　原子吸收光谱法测定水中微量铜的含量——标准加入法

【实验目的】

(1) 进一步熟悉原子吸收分光光度计的基本构造和操作方法。

(2) 学习标准加入法测定元素含量的操作。

【实验原理】

当试样比较复杂，很难配制与试样组成相似的标准溶液，或样品基体成分很高，干扰不易消除，分析样品的数量较少时，标准加入法就是一种非常有效的分析方法。

标准加入法的具体操作步骤：取若干份体积相同的试样溶液，第一份不加待测元素标准溶液，从第二份开始分别按比例加入不同量的待测元素的标准溶液，用溶剂稀释至一定体积（设试样中待测元素的浓度为 C_x，加入标准溶液后浓度分别为 C_x+C_0，C_x+2C_0，C_x+3C_0，C_x+4C_0，以空白为参比，分别测得各试样的吸光度（A_x，A_1，A_2，A_3，A_4），以测定溶液中外加标准物质的浓度为横坐标、以吸光度为纵坐标，绘制工作曲线，然后反向延长此曲线使其与坐标轴相交，在浓度轴上获得的截距，即为未知浓度 C_x，见图 4-1。

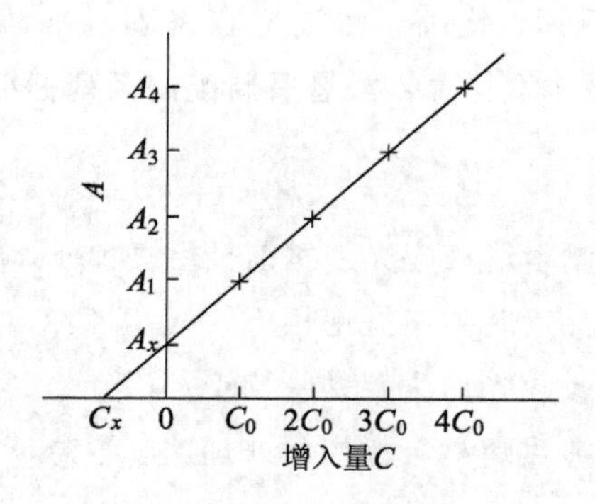

图 4-1　标准加入法工作曲线

【主要仪器和试剂】

(1) 仪器

TAS990 原子吸收分光光度计（图 4-2，附铜空心阴极灯），容量瓶（50,100 mL），移液管（5，10 mL），烧杯（50，100 mL），空气压缩机，乙炔钢瓶。

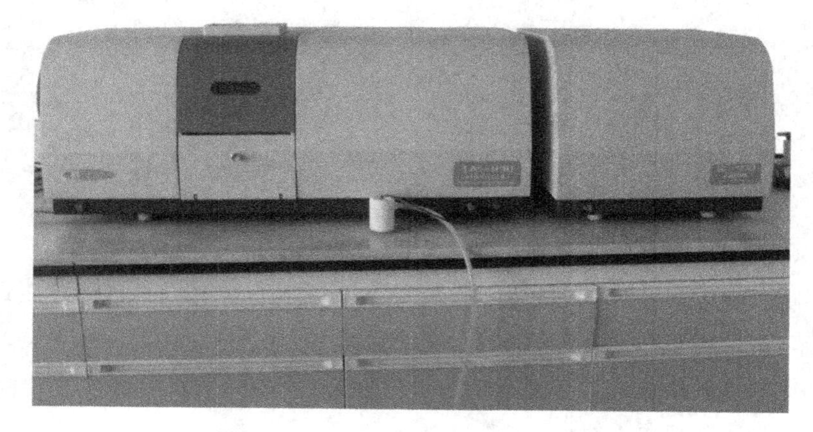

图 4-2 TAS990 原子吸收分光光度计

（2）试剂

① 铜标准储备液 $\rho(Cu)$ =1 000 μg/mL。准确称取 1.000 0 g 金属铜，置于 100 mL 烧杯中，加入 HNO_3（1+1）20 mL，加热溶解。蒸至近干，冷却后加 HNO_3（1+1）5 mL，加蒸馏水煮沸，溶解盐类，冷却后转入 1 000 mL容量瓶中，用去离子水稀释至刻度位置，摇匀。

② 铜标准工作液 $\rho(Cu)$ =100 μg/mL。吸取 25.00 mL 上述铜标准储备液，用硝酸（2+100）定容至 250 mL。

③ 含铜水试样。

【实验步骤】

（1）配制溶液

在 5 个 50 mL 容量瓶中，分别移入质量浓度为 100 μg/mL 的铜标准工作溶液 0.00，1.00，2.00，3.00，4.00 mL，分别加入 25 mL 含铜水试样，用去离子水稀释至刻度位置，摇匀。

（2）开机前检查，设置仪器工作参数

按仪器使用说明，做好开机前检查工作。安装并调节好铜空心阴极灯，点燃预热。按实验条件设置好仪器工作参数。

火焰类型：空气-乙炔火焰
吸收线波长：324.8 nm
灯电流：3 mA
光谱带宽：0.4 nm
燃烧器高度：6 mm
燃气流量：2 000 mL/min

（3）溶液吸光度的测定

将5份溶液按浓度由低到高依次喷入火焰测定吸光度，待溶液测量完成后，由仪器根据浓度与吸光度值绘制工作曲线，并计算出样品中铜的浓度，记录并保存数据。

（4）实验结束工作

实验结束后，按照规范操作关机，填好仪器使用记录单。

【数据记录与处理】

以所测得的吸光度为纵坐标，相应的外加铜浓度为横坐标，绘制工作曲线，将曲线外推与浓度轴相交，所得截距即为试液的浓度。

【注意事项】

（1）经常检查管道，防止气体泄漏，确保实验安全。

（2）雾化器和燃烧器是仪器的主要部件，每次实验应注意正确使用和保养方法。

【问题与讨论】

（1）与标准曲线法相比，标准加入法有何优缺点？它适用于何种情况？

（2）原子吸收光谱测定不同元素时，对光源有什么要求？

（3）若试样中铜含量很高，应如何用标准加入法定量？

实验 4.2.3　原子吸收光谱法测定发锌含量

【实验目的】

（1）掌握火焰原子吸收法测锌含量的条件。

（2）进一步熟悉和掌握原子光谱法定量分析方法。

（3）学习生化样品的预处理方法。

【实验原理】

微量元素锌与人体健康状况密切相关，它具有重要的生理功能和营养作用。由于锌与多种酶、核酸、蛋白质的合成密切相关，故能维持机体的生长发育，能加速创伤组织愈合。锌是多种与生命活动密切相关的酶的重要成分，能从多方面影响人的整个生命过程，锌缺乏会阻碍蛋白质的氧化以及影响生长素的形成，表现为食欲不振，生长受阻，严重时会影响生殖机能。头发是人体排泄金属离子的器官之一，头发中微量元素的含量能较敏感而稳定地反映个体长时期元素的积累状态及体内水平，并间接反映环境对个体的影响。测定人头发中的锌元素含量（简称“发锌”）可以判断人体中锌营养正常与否，因此测定发锌对于探索疾病原因、评价个体营养状况具有一定的指导意义。

人或动物的毛发，用湿消化法或干灰化法处理成溶液后，溶液对213.9 nm 波长光（锌元素的特征谱线）的吸光度与毛发中锌的含量呈线性关系，故可直接用标准曲线法测定毛发中锌的含量。

【主要仪器和试剂】

（1）仪器

原子吸收分光光度计，锌空心阴极灯，乙炔钢瓶，无油空气压缩机或空气钢瓶，聚乙烯试剂瓶（500 mL），高温电炉（干灰化法）或可调温电加热板（湿消化法），烧杯（250 mL），容量瓶（50，500 mL），吸量管（5 mL），瓷坩埚（30 mL，干灰化法），锥形瓶（100 mL），曲颈小漏斗（湿消化法）。

（2）试剂

① 锌标准储备液 $\rho(Zn)=500\ \mu g/mL$。准确称取 0.500 0 g 金属

Zn(99.9%)，溶于10 mL浓HCl中，然后在水浴上蒸发至近干，用少量水溶解后移入1 000 mL容量瓶中，用水稀释至刻度位置，摇匀，转入聚乙烯试剂瓶中贮存。

② 锌标准工作液 $\rho(Zn)=100\ \mu g/mL$。吸取10.00 mL上述锌标准储备液，置于50 mL容量瓶中，用0.1 mol/L HCl定容。

③ 1%HCl溶液、10%HCl溶液，用于干灰化法。

④ HNO_3-HClO_4 混合溶液：浓 HNO_3（$d=1.42$）$-HClO_4$（60%）以4∶1比例混合而成，用于湿消化法。

【实验步骤】

(1) 样品的采集与处理

在枕部距发根1～2 cm处取头发1 g左右，置于烧杯中用中性洗涤剂浸泡30 min，自来水冲洗至无泡后，再以超纯水洗净，确保洗去头发样品上的污垢和油腻。置烘箱中以80 ℃干燥至恒重（6～8 h），干燥完毕将头发样品剪碎至1 cm左右。

干灰化法：准确称取0.2 g发样于30 mL瓷坩埚中，先于电炉上炭化，再置于高温电炉中，升温至500 ℃左右，直至完全灰化，冷却后用5 mL 10%HCl溶液溶解，用1%HCl溶液定容至50 mL，待测。

湿消化法：准确称取的0.2 g发样置于100 mL锥形瓶中，加入5 mL 4∶1 HNO_3-HClO_4，上加弯颈小漏斗。于可控温电热板上加热消化，温度控制在140～160 ℃，待约剩0.5～1.0 mL清亮液体时，冷却，加10 mL水微沸数分钟再至近干，放冷，反复处理两次后用水定容至50 mL，待测。同时制作空白。

(2) 系列标准溶液的配制

在5个50 mL容量瓶中，分别加入1.00，2.00，3.00，4.00，5.00 mL Zn的工作标准溶液，加水稀释至刻度位置，摇匀，待测。

(3) 测量

按使用的原子吸收分光光度计使用说明，开动仪器，选定测定条件：测定波长、空心阴极灯的灯电流、狭缝宽度、空气流量、乙炔流量等。

先安装锌空心阴极灯，用蒸馏水调节仪器的吸光度为零，按由稀到浓的次序测量系列标准溶液。在和锌标准溶液的相同测定条件下，测定发样试样溶液的吸光度。

【数据记录与处理】

(1) 根据所测标准溶液的吸光度，绘制锌工作曲线。

(2) 在工作曲线上根据试样的吸光度值查出其浓度，并根据试样的稀释倍数进行头发中锌含量的计算。

【注意事项】

(1) 样品灰化处理时，不能将坩埚钳的头部接触坩埚内壁，防止引起污染。

(2) 湿法消化处理样品时，消化一定要彻底，操作要细心，不可蒸干。

【问题与讨论】

(1) 测毛发的锌含量有什么实际意义?

(2) 若实验测定的结果偏高，分析可能由哪些原因造成?

实验 4.2.4 石墨炉原子吸收光谱法测定血清中的痕量铬

【实验目的】

(1) 了解石墨炉原子化器工作原理和使用方法。

(2) 掌握石墨炉原子吸收光谱仪的操作技术。

【实验原理】

在常规分析中火焰原子吸收法应用较广，但它雾化效率低，火焰气体的稀释使火焰中原子浓度降低，高速燃烧使基态原子在吸收区停留时间短等原因，使方法灵敏度受到限制。火焰法至少需要 0.5～1.0 mL 试液，对试样较少的样品，分析产生困难。高温石墨炉原子分析法是一种非火焰原子分析光谱法，它是目前发展最快、应用最多的一门技术，在石墨炉中的工作步骤可分为干燥、灰化、原子化和除残渣 4 个阶段。“高温石墨炉”利用高温（3 000 ℃）石墨管，使试样完全蒸发，充分原子化，试样利用率几乎达 100%，自由原子在吸收区停留时间长，故灵敏度比火焰法高 100～1 000 倍。试样用量仅 5～100 μL，而且可以直接分析悬浮液和固体样品。但是它的缺点是干扰大，必须进行背景扣除，且操作方法比火焰法

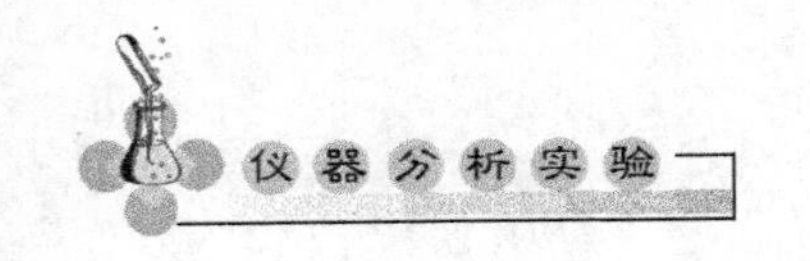

复杂。用“高温石墨炉”法测定血清中痕量金属元素，灵敏度高，用样量少。为了消除基体干扰，采用标准加入法。

【主要仪器和试剂】

（1）仪器

原子吸收分光光度计；铬空心阴极灯；氩气钢瓶；乙炔气钢瓶；石墨微量注射器；50，100，250 mL 容量瓶；10，25 mL 移液管；500 mL烧杯；5，50 mL 量筒。

（2）试剂

$K_2Cr_2O_7$（A. R.），20%葡聚糖溶液（现用现配）。

【实验步骤】

（1）系列标准溶液的配制与测定

铬标准储备液（0.100 mg/mL）：称取 0.373 5 g $K_2Cr_2O_7$（经 150 ℃干燥）溶于蒸馏水中，并定容于 1 000 mL 容量瓶内。由 0.100 mg/mL 铬标准储备液逐级稀释成 0.100 μg/mL 铬标准溶液。

在 5 个 50 mL 容量瓶中分别加入 0.100 μg/mL 铬标准溶液 0.00，0.50，1.00，1.50，2.00 mL 和葡聚糖溶液 15 mL，用去离子水稀释至刻度位置，摇匀，备用。

（2）调试仪器

按仪器使用说明，做好开机前检查工作。安装并调节好铬空心阴极灯，点燃预热。按实验条件设置好仪器工作参数。

设置测量条件：波长 357.9 nm；狭缝宽 0.7 mm；灯电流 5 mA；干燥温度 100～130 ℃；干燥时间 100 s；灰化温度 1 100 ℃；灰化时间240 s；斜坡升温灰化时间 120 s；原子化温度 2 700 ℃；清洗温度 1 800 ℃；清洗时间 2 s；氩气流量 100 mL/min。进行背景校正，进样量 50 μL。

（3）测量标准溶液和试样的吸光度值

① 测量标准溶液和试剂空白溶液吸光度。自动升温空烧石墨管调零。然后从稀至浓逐个测量空白溶液和系列标准样品，进样量 50 μL，每个溶液测定 3 次，取平均值。

② 测量血清样品吸光度。在相同条件下，测量血清样品 3 次，取平均值，每次取样 50 μL。

（4）结束工作

实验结束，按操作要求关好气源、电源，并将仪器开关、旋钮置于初始位置。

【数据记录与处理】

（1）实验数据记入表4-4。

表4-4 数据记录表

铬标准溶液 V/mL	0.00	0.50	1.00	1.50	2.00
铬的浓度/(μg/mL)					
吸光度 A					

以吸光度为纵坐标、以系列铬标准溶液质量浓度为横坐标，绘制出铬的工作曲线。

（2）从标准曲线中，由血清试样的吸光度查出相应的铬含量，计算血清中铬的含量（μg/mL）。

【注意事项】

（1）实验前应检查通风是否良好，确保实验中产生的废气排出室外。

（2）使用微量注射器要严格按规范进行操作，防止损坏。

【问题与讨论】

（1）非火焰原子吸收光谱法具有哪些特点？

（2）在实验中通氩气的作用是什么？为什么要用氩气？

（3）配制标准溶液时，加入葡聚糖溶液的作用是什么？若不加葡聚糖溶液，还可采用什么方法？

第5章 红外吸收光谱法

CHAPTER 5

【知识目标】

了解红外光谱产生的条件以及红外吸收光谱仪的分类与特点。

了解峰位峰强的影响因素、红外光谱解析的重要区段及主要官能团特征吸收频率。

掌握压片法、液体池法、薄膜法等红外样品制样方法。

熟悉各类化合物的特征基团频率，掌握红外光谱分析的基本原理。

掌握红外吸收光谱仪的工作原理及其操作要领。

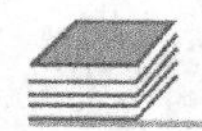

【能力目标】

能正确处理和准备红外样品。

能操作红外光谱仪对有机化合物进行光谱测定。

能根据基团频率判断官能团的存在，进行简单样品的定性和定量分析。

能对分析数据进行处理，做出合理评价并填写检验报告书。

5.1 概　　述

红外吸收光谱法（infrared absorption spectrometry，IR）又称为分子振动—转动光谱，是有机物结构分析的重要工具之一。当一定频率的红外光照射分子时，若分子中某个基团的振动频率和红外辐射的频率一致，此时光的能量可通过分子偶极矩的变化传递给分子，这个基团就吸收了该频率的红外光产生振动能级跃迁。如果用连续改变频串的红外光照射某试样，由于试样对不同频率红外光吸收情况存在差异，所以通过试样后的红外光在一些波长范围内变弱（被吸收），而在另一些波长范围内仍较强（不被吸收）。用仪器记录分子吸收红外光的情况，即得到该试样的红外吸收光谱。

红外吸收光谱表示方法与紫外-可见吸收光谱表示方法不同，红外吸收光谱横坐标为波数（波长倒数，单位为 cm^{-1}），纵坐标为透光率（T，单位为%）。

各种化合物分子结构不同，分子中各个基团的振动频率不同，其红外吸收光谱也不同。利用这一特性，可进行有机化合物的结构分析、定性鉴定和定量分析。

绝大多数有机化合物的基团振动频率分布在中红外区（波数 4 000～400 cm^{-1}），研究和应用较多的也是中红外区的红外吸收光谱法，该法灵敏度高、分析速度快、试样用量少，而且分析不受试样物态限制，所以应用范围非常广泛。红外吸收光谱是现代结构化学、有机化学和分析化学等领域中不可缺少的工具。

5.2 实验部分

实验 5.2.1 液体、固体、薄膜样品透射谱的测定

【实验目的】

（1）掌握常规样品的制样方法。

（2）了解红外光谱仪的工作原理。

【实验原理】

要获得一张高质量的红外谱图，除关系仪器性能因素外，对于不同的样品状态（固体、液体、气体及黏稠样品）需要有合适的制样方法。制样方法的选择和制样的好坏直接影响谱带的频率、数目和强度。

(1) 固体试样

常用的方法有压片法、调糊法和薄膜法。

① 压片法：取 1 mg 左右的样品，与干燥的 150 mg 左右的 KBr 在玛瑙研钵中混合均匀，充分研磨后（使颗粒达到约 2 μm，注意：中红外的波长是从 2.5 μm 开始的），取少许研磨粉末用压片装置压成均匀透明的薄片。

② 调糊法：将干燥处理后的固体试样研细，然后加入几滴重烃油调成均匀的糊状，涂在盐片上用组合窗板组装后测定。

③ 薄膜法：主要用于高分子化合物的测定。将样品直接加热熔融后涂制或压制成膜，也可将试样溶解在低沸点的易挥发溶剂中，涂到盐片上，待溶剂挥发成膜后测定。

(2) 液体试样

常用的方法有液膜法和液体池法。

① 液膜法：对于沸点较高的试样（80 ℃以上）或黏稠的样品可采用液膜法测定。这种方法较简单，只要在两块盐片之间，滴加 1～2 滴未知样品，使之形成一层薄的液膜。流动性较大的样品，可选择不同厚度的垫片来调节液膜的厚度。

② 液体池法：沸点较低、挥发性较大的试样可采用液体池法。将液体样品注入封闭液体池内进行测试，液层厚度一般为 0.01～1 mm。对强吸收的样品用溶剂稀释后再测定。

(3) 气体试样

气体样品一般都灌注于玻璃气槽内进行测量，进样时，先把气槽抽真空，然后再灌注样品。

【主要仪器和试剂】

(1) 仪器

红外吸收光谱仪（图 5-1）、压片机（图 5-2）、模具和样品架、玛瑙研钵、不锈钢药匙、镊子及红外灯。

图 5-1　红外吸收光谱仪　　　　图 5-2　压片机

（2）试剂

聚甲基丙烯酸甲酯、正丁醇、苯甲酸、聚苯乙烯、二氯甲烷（均为分析纯），以及光谱纯 KBr 粉末、液状石蜡。

【实验步骤】

（1）糊状法

取 2 mg 左右聚甲基丙烯酸甲酯放入玛瑙研钵中，将其研磨成细粉末（2 μm 左右），滴加 2～4 滴液状石蜡，再研磨成均匀的糊状。取少许糊状物涂在盆片上测定，用液状石蜡作为本底。

（2）液膜法

取 2～3 滴正丁醇移到两个 KBr 晶体窗片之间，形成一层薄的液膜，用夹具轻轻夹住后测定光谱图。

（3）压片法

取 2～3 mg 苯甲酸与 200～300 mg 干燥的 KBr 粉末在玛瑙研钵中混匀，充分研磨后，用不锈钢铲取约 70～90 mg 压片。本底最好采用纯 KBr 片。

（4）薄膜法

将聚苯乙烯溶于二氯甲烷中，浓度为 12%左右。将此溶液加在铝箔片上，然后在室温下自然干燥，成膜后用镊子小心撕下薄膜，并在红外灯下烘去溶剂，放在样品架上测定光谱图。

【数据记录与处理】

（1）对基线倾斜的谱图进行校正，噪声大时采用平滑功能，绘制出标

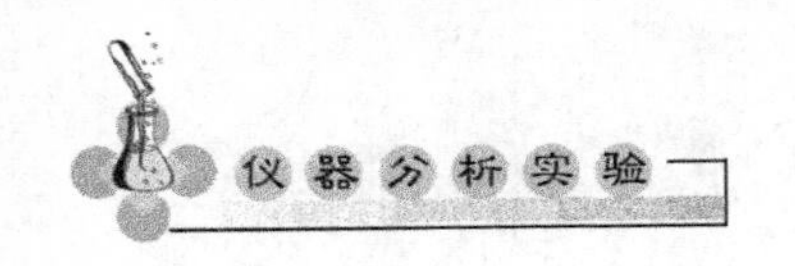

有吸收峰的红外谱图。

(2) 选择正丁醇的主要吸收峰，指出其归属。

(3) 比较标准聚苯乙烯膜与测定的聚苯乙烯膜的谱图，列表讨论它们的主要吸收峰，并确认其归属。

【注意事项】

(1) 在红外灯下操作时，用溶剂（CCl_4 或 $CHCl_3$）清洗盐片，不要离灯片太近，否则移开灯时的温差太太，盐片会碎裂。

(2) 谱图处理时，平滑参数不应选择过高，否则会影响谱图的分辨率。

【问题与讨论】

(1) 用压片法制样，为什么要求研磨到颗粒粒度在 2 μm 左右？研磨时不在红外灯下操作，谱图上会出现什么情况？

(2) 液体绘制时，为什么低沸点的样品要采用液池法？

实验 5.2.2 苯甲酸、乙酸乙酯的红外光谱测定

【实验目的】

(1) 掌握用压片法制样和液膜法制样的方法。

(2) 熟悉红外光谱法的基本原理及仪器构造。

(3) 掌握红外光谱仪的操作。

【实验原理】

红外光谱反映分子的振动情况。当用一定频率的红外光照射某物质时，若该物质的分子中某基团的振动频率与之相同，则该物质就能吸收此种红外光，使分子由振动基态跃迁到激发态。当用不同频率的红外光通过待测物质时，就会出现不同强弱的吸收现象。

由于不同化合物具有其特征的红外光谱，因此可以用红外光谱对物质进行结构分析。同时根据分光光度法的原理，若选定待测物质的某特征波数吸收峰，也可以对物质进行定量测定。

【主要仪器和试剂】

（1）仪器

傅里叶变换红外光谱仪、压片机、模具及样品架、玛瑙研钵、不锈钢药匙、KBr 盐片、红外干燥灯。

（2）试剂

光谱纯的 KBr、乙酸乙酯、苯甲酸、无水乙醇（均为 A. R.）、擦镜纸。

【实验步骤】

（1）测定前准备工作

① 玛瑙研钵用无水乙醇进行清洗，并用擦镜纸擦干后，于红外灯下烘干。

② 接通电源，打开红外光谱仪及显示器，仪器预热 20 min，启动工作软件。

（2）苯甲酸的红外光谱测定

① 纯溴化钾晶片背景扫描。

取预先在 110 ℃下烘干 48 h 以上并保存在干燥器内的 KBr 150 mg 左右，置于洁净的玛瑙研钵中，研磨成均匀的粉末，然后转移到压片器中，压制成厚 1～2 mm 透明的溴化钾晶片，放在红外光谱仪的样品支架上，置入样品仓，对其进行扫描，作为背景。

② 苯甲酸的红外光谱测定。

取约 1 mg 苯甲酸样品于干净的玛瑙研钵中，加约 150 mg 的 KBr 在红外灯下研磨成均匀粉末，转移到压片器中，压制成厚 1～2 mm 透明的晶片，放在红外光谱仪的样品支架上，置入样品仓，测定其红外光谱。

（3）乙酸乙酯的红外光谱测定

① 溴化钾盐片背景扫描。

将一块干净抛光的 KBr 盐片置于池架上，放入样品仓，对其背景进行扫描。

② 乙酸乙酯的红外光谱测定。

在一块干净抛光的 KBr 盐片上，滴加 1 滴乙酸乙酯样品，压上另一块盐片，将其置于池架上，放入样品仓，即可进行红外光谱测定。

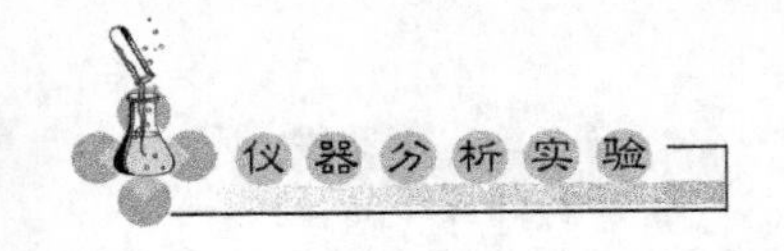

（4）结束工作

关闭红外工作软件，恢复出厂设置，切断显示器及红外光谱仪电源。用无水乙醇清洗玛瑙研钵，并填写好仪器使用记录。

【数据记录与处理】

（1）记录实验条件，打印光谱图，标出试样谱图上各主要吸收峰的波数值。

（2）对苯甲酸及乙酸乙酯的特征谱带进行归属。

（3）对比羧基化合物与芳香化合物各自的特征红外光谱。

【注意事项】

（1）固体样品经研磨（在红外灯下）之后仍应防止吸潮，否则易粘在模具上。

（2）取出试样薄片时，可以用泡沫或其他物质缓冲，以防止薄片破裂。

（3）压片用模具用后应立即把各部分擦干净。

【问题与讨论】

（1）进行红外吸收光谱分析，为什么要采用特殊的制样方法？

（2）溴化钾压片制样不适用于哪些样品？对于一些很难磨成细小颗粒的高聚物材料，用什么制样方法较好？

（3）红外光谱实验室为什么对温度和相对湿度要求维持一定的指标？

实验 5.2.3　醛和酮的红外光谱

【实验目的】

（1）熟悉有机化合物特征官能团的红外吸收频率。

（2）学会利用红外光谱鉴别官能团，能根据官能团确定未知组分的主要结构。

（3）掌握液体样品的制样方法。

【实验原理】

有机化合物分子中具有相同化学键的原子团，其基本振动频率吸收峰

(基频峰)基本出现在同一频率区域内，但由于同一类型的原子团在不同有机化合物分子中所处的环境有所不同，使其基频峰频率和强度发生了一定变化。因此，了解各种原子团基频峰的频率及其位移规律，就可应用红外吸收光谱来确定有机化合物分子中存在的原子团及其在分子结构中的相对位置，结合标准红外光谱图还可以鉴定有机化合物的结构。IR 光谱主要是定性技术，但是随着比例记录电子装置的出现，也能迅速而准确地进行定量分析。

C=O 伸缩振动位于 1 900～1 500 cm^{-1} 的高频区，均为强（s）吸收峰带。醛基在 2 850～2 720 cm^{-1} 范围有中强（m）和弱（w）吸收，表现为双谱带，是醛基的特征吸收谱带，$V_{C=O}$ 约 1 725 cm^{-1}（vs）。酮类化合物 $V_{C=O}$ 吸收是其唯一特征吸收带，约 1 715 cm^{-1}（vs）。丙酮中 CH_3 为推电子的诱导效应，使 C=O 成链电子偏离键的几何中心而向氧原子移动；C=O 极性增强，双键性降低，C=O 伸缩振动较乙醛低频位移。

【主要仪器和试剂】

(1) 仪器

Perkin Elmer Spectrum RX IF T-IR 或其他型号红外光谱仪、溴化钾盐片、注射器、毛细管、液体池、擦镜纸。

(2) 试剂

四氯化碳（A. R.）、苯甲醛（A. R.）、苯乙酮（A. R.）。

【实验步骤】

(1) 测定前准备工作

① 液体池用无水乙醇清洗 3 遍；溴化钾晶片经无水乙醇清洗后，用擦镜纸擦干，置于红外灯下烘干备用。

② 接通电源，打开红外光谱仪及显示器，仪器预热 20 min，启动工作软件。

(2) 液体试样的测定

① 将盐片放在可拆液池的孔中央，将另一盐片平压在上面，拧紧螺丝，组装好液体池，置于样品托架上，进行背景扫谱。

② 用毛细管分别蘸取少量苯甲醛或苯乙酮样品，均匀涂渍在其中一块溴化钾盐片上，小心地用另一块夹紧（使其形成一层薄的液膜，注意不要有气泡），同前进行样品扫描。若样品吸收很强，可用四氯化碳配成浓

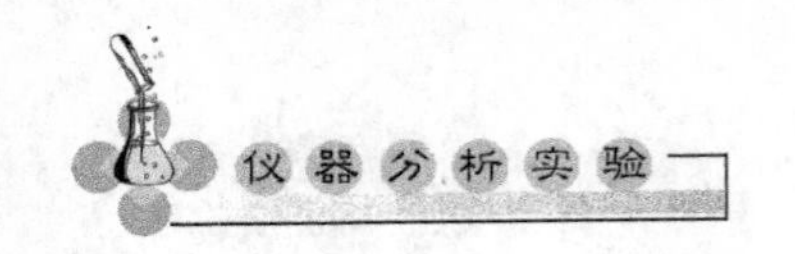

度较低的溶液再测定。

【数据记录与处理】

(1) 谱图对比

在标准谱图库中查得苯甲醛和苯乙酮的标准红外图谱，并将实验结果与标准谱图进行对照。

(2) 谱图解析

① 解释苯甲醛的红外光谱图，找出醛基中它的H—C伸缩振动吸收峰及C═O伸缩振动吸收峰。

② 解释苯乙酮的红外光谱图，找出C═O伸缩振动吸收峰。

【注意事项】

(1) 使用液膜法测定试样时，动作要迅速，以防止试样的挥发。

(2) 液体样品制样前应干燥除水，液体和溴化钾晶片在使用过程中切不可沾水。

【问题与讨论】

(1) 使用液体池法测定红外光谱图有哪些优点？液膜法制样时要注意什么？

(2) 羰基化合物的红外光谱图有什么特征？

实验 5.2.4 聚合物红外吸收光谱的绘制与比较

【实验目的】

(1) 掌握高分子化合物的样品处理方法——薄膜法。

(2) 掌握高分子化合物红外吸收光谱图解析的一般过程。

【实验原理】

高分子化合物由于聚合度较高，相对分子质量大，很难研磨成颗粒粒度在2 μm左右的粉末，压片比较困难，因此不能使用压片法进行样品预处理。但高分子聚合物一般可以采用某种低沸点的溶剂将其溶解，制成溶液，然后滴在盐片上，待溶剂挥发后，样品便遗留在盐片上形成一层均匀的薄膜，这种方法便称为薄膜法。经过处理后的薄膜可以直接在红外吸收光谱仪上扫描红外光谱图。

【主要仪器与试剂】

（1）仪器

红外吸收光谱仪、KBr晶片、红外灯。

（2）试剂

聚甲基丙烯酸甲酯（A. R.）、CCl_4（A. R.）。

【实验步骤】

（1）准备工作

① 接通电源，打开红外光谱仪及显示器，仪器预热20 min，启动工作软件。

② 将一定量的聚甲基丙烯酸甲酯试样溶于CCl_4中制成溶液，然后滴在KBr盐片上，待溶剂挥发后（也可用红外灯稍加热），试样遗留在晶片上形成薄膜。

（2）样品的分析测定

① 按红外光谱仪规范操作步骤，设好实验条件，扫描背景后，直接将制成的样品薄膜固定在样品室中进行样品扫描。

② 打印谱图，分析谱图的特征吸收峰，指出其归属。

（3）结束工作

关机，整理台面，填写仪器使用记录。

【数据记录与处理】

（1）对所绘制谱图进行优化处理。

（2）对所绘制谱图上各吸收峰的归属进行判定，并对样品的成分进行初步定性。

【注意事项】

（1）如果吸收峰高度超过检测范围，可以用溶剂进一步稀释试样，使最后制成的薄膜变薄。

（2）若薄膜中的溶剂不易挥发，则可将盐片置于红外灯稍加热（但不能使盐片破裂）。若所选溶剂沸点较高，有时也可直接采用溶剂法对样品进行红外吸收光谱图的扫描，但在解析谱图时要注意溶剂吸收峰对样品吸收峰的干扰。

【问题与讨论】

（1）薄膜法与溶剂法相比较有什么优势？有什么不足？

（2）使用红外吸收光谱法可否对样品进行定量分析？若可以，如何进行？

实验 5.2.5 阿司匹林合成实验中反应物和产物的红外吸收光谱分析

【实验目的】

（1）掌握阿司匹林的制备方法。

（2）通过实践，掌握红外光谱法在有机合成中的应用。

【实验原理】

（1）阿司匹林的制备

阿司匹林的合成是以水杨酸为原料，在硫酸催化下，用乙酸酐乙酰化得到，反应式为

$$\text{COOH, OH} + (CH_3CO)_2O \xrightarrow{H^+} \text{COOH, OCOCH}_3 + CH_3COOH$$

反应过程的副产物：水杨酸分子间可以发生缩合反应，生成少量的聚合物：

$$\text{COOH, OH} \xrightarrow{H^+} \text{O, C=O, O, C=O, O, C=O, O} + H_2O$$

阿司匹林能与碳酸氢钠反应生成水溶性钠盐，而副产物聚合物不能溶于碳酸氢钠，这种性质上的差别可用于阿司匹林的纯化。反应产物中还存在未反应的水杨酸，可采用重结晶的方法除去。

（2）红外吸收光谱测定

红外吸收光谱是由分子的振动、转动能级跃迁产生的光谱，化合物中

每个基团都有几种振动形式，在中红外区相应产生几个吸收峰，因而特征性强。除个别化合物外，每个化合物都有其特征红外光谱。阿司匹林与水杨酸红外吸收光谱的最大不同在于阿司匹林在 1 760，1 690 cm^{-1}处有两个羧基峰，而水杨酸仅在 1 660 cm^{-1}有一个羧基峰。

【主要仪器和试剂】

（1）仪器

电子天平、圆底烧瓶（100 mL）、烧杯（250 mL）、锥形瓶（100 mL）、移液管（5 mL）、减压抽滤装置、傅里叶变换红外光谱仪、玛瑙研钵、压片机、红外干燥灯。

（2）试剂

水杨酸（A. R.）、乙酸酐（A. R.）、饱和碳酸氢钠水溶液、乙酸乙酯（A. R.）、浓硫酸（A. R.）、浓盐酸（A. R.）、溴化钾（光谱纯）。

【实验步骤】

（1）阿司匹林的制备

① 在 125 mL 锥形瓶中加入 2.0 g 水杨酸、5.0 mL 乙酸酐和 5 滴浓硫酸，旋摇锥形瓶使水杨酸全部溶解后，在水浴上加热 10 min，控制温度在 85～90 ℃。取出锥形瓶，加水 2 mL 分解过量的乙酸酐，分解完成后，加入 50 mL 水，将混合物在冰水浴中冷却，使结晶完全。减压过滤，用滤液反复淋洗锥形瓶，直至所有晶体被收集到布氏漏斗。每次用少量冷水洗涤结晶几次，继续抽吸将溶剂尽量抽干。粗产物转移至表面皿上，在空气中风干，称重。

② 将粗产物转移至 150 mL 烧杯中，在搅拌下加入 25 mL 饱和碳酸氢钠溶液，加完后继续搅拌几分钟，直至无 CO_2 气泡产生。减压过滤，副产物聚合物应被滤出，用 5～10 mL 水冲洗漏斗，合并滤液，倒入预先盛有 4～5 mL 浓 HCl 和 10 mL 水配成溶液的烧杯中，搅拌均匀，即有阿司匹林析出。将烧杯置于冰浴中冷却，使结晶完全。减压过滤，用洁净的玻璃塞挤压滤饼，尽量抽去滤液，再用冷水洗涤两三次，抽干水分。将结晶移至表面皿上，干燥后称重，计算产率，测熔点。

③ 为了得到更纯的产品，可将上述结晶的一半溶于最少量的乙酸乙酯中（2～3 mL），溶解时应在水浴上小心地加热。如有不溶物出现，可用预热过的玻璃漏斗趁热过滤。将滤液冷却至室温，晶体析出。如不析出

结晶，可在水浴上稍加浓缩，并将溶液置于冰水中冷却，或用玻棒摩擦瓶壁，抽滤，收集产物。

(2) 反应物和产物的红外吸收光谱测定

① 开机及启动软件。先开主机，再开计算机。

② 样品制备（KBr 压片法）。分别称取干燥的水杨酸原料或阿司匹林产品 2～3 mg，置于玛瑙研钵中充分研磨，加入约 200 mg 干燥的 KBr 粉末，继续研磨到完全混合均匀，并将其在红外灯下烘烤 10 min 左右。然后转移至专用红外压片模具中铺匀，合上模具置油压机上，先抽气约 2 min以除去混在粉末中的湿气和空气，再边抽气边加压至 1.5～1.8 MPa 2～5 min，除去真空，制成透明薄片。

③ 测定。制备好的样品压片装于样品架上，插入至红外光谱仪的试样安放处，从 4 000～400 cm^{-1}进行波数扫描。

④ 谱图检索。查询标准谱图库，与标准光谱图比较。

⑤ 实验结束。测试完成后退出操作界面和系统，关闭打印机，切断数据系统电源，切断光谱仪主机及稳压电源开关。

【数据记录与处理】

将所得到的红外光谱和标准谱图对比，并对各个吸收峰进行归属。

【注意事项】

(1) 此反应是无水操作，原料和仪器必须是干燥的。

(2) 合成样品应充分干燥，与 KBr 压片时在红外灯下充分干燥并研磨均匀，若含有水分会干扰对样品中羧基峰的观察。

(3) 压片制样时，物料必须磨细并混合均匀，加入到模具中需均匀平整，若局部发白，表示晶片厚薄不均匀。

【问题与讨论】

(1) 傅里叶变换红外光谱仪可以测量液体、气体以及薄膜样品吗？需要哪些附件？

(2) 化合物的红外吸收光谱能提供哪些信息？

(3) 测定红外吸收光谱时对样品有什么要求？

第6章 CHAPTER 6 气相色谱法

【知识目标】

了解气相色谱法的特点及应用范围，了解气相色谱仪的基本构造及各部件作用。

熟悉色谱图常用术语，掌握色谱分析原理。

掌握气相色谱仪常见检测器的类型、工作原理及适用范围。

掌握气相色谱定性（标准物对照、保留值定性）、定量分析方法（归一化法、外标法、内标法）。

【能力目标】

能正确进行样品的采集与制备。

能熟练操作气相色谱仪，并能进行实际应用。

能根据样品性质对气相色谱操作条件进行选择，能对未知样进行定性和定量分析。

能对分析数据进行处理，做出合理评价并填写检验报告书。

6.1 概　　述

气相色谱法（gas chromatography，GC）是一种利用气体作为流动相的色谱分析方法。当试样中的组分通过色谱柱时，与填料之间发生相互作用而产生不同的分配率，经过多次分配达到分离的目的。依据固定相种类的不同，气相色谱分为气-固色谱（固定相为固定吸附剂）和气-液色谱（固定相为涂在担体上或毛细管壁上的液体）两种。以气-液色谱为例，在一定温度和压力下，任一组分在两相中的分配达平衡后，组分在两相中的分配比（亦称容量因子）可由下式表示：

$$k=\frac{m_s}{m_m}=\frac{t_R-t_M}{t_M}$$

$$t_R=t_M(k+1)$$

式中，k 指组分在固定相和流动相中的质量比；t_R 和 t_M 分别为保留时间和死时间，调整保留时间 $t'_R=t_R-t_M$。由于不同组分在同一色谱体系中具有不同的分配行为，分配比不同，因此在色谱图中呈现不同的色谱峰位置，从而达到分离的目的。

不同的色谱柱具有不同的柱效率。柱效率高，出峰时峰形锐；柱效率低，出峰时峰形宽。最常用的评价色谱柱效率的方法是测定色谱柱的理论塔板数 N 和理论塔板高度 H。N 的大小与选用的固定液及载气的性质、粒度、柱管的长度与直径、涂渍装柱工艺、操作参数（大小与柱温、载气流速等）等很多因素有关。塔板数 N 越大或塔板高度 H 越小，表明柱效率越高。

$$N=5.45\left(\frac{t_R}{W_{1/2}}\right)=16\left(\frac{t_R}{W_b}\right)^2$$

式中，$W_{1/2}$ 和 W_b 分别代表色谱峰的半峰宽或峰底宽。对于长度为 L 的色谱柱有：

$$H=\frac{L}{N}$$

一根高效率的色谱柱应该是单位柱长所包含的较大 N 或较小 H 的柱。

色谱的分离性能也可用分离效率 α 和分离度 R 来表示：

$$\alpha=\frac{t_{R_2}}{t_{R_1}}=\frac{k_2}{k_1}$$

$$R=\frac{t_{R_2}-t_{R_1}}{\frac{1}{2}(W_{\frac{1}{2}(2)}+W_{\frac{1}{2}(1)})}$$

分离度 R 是一个综合指标，它的定义：相邻两组分色谱峰保留值之差与色谱峰峰宽总和一半的比值，这一定义既说明分离的好坏与组分保留值之间的关系，也说明了分离峰的宽窄对分离情况的影响，R 越大分离越完全。当 $R=1.5$ 时，两相邻组分的分离程度可以达到 99.7%，因此 $R\geqslant1.5$，可以认为相邻两峰已得到完全分离。

与液相色谱相比，气相色谱中物质在气体中传递速度快，气态样品中的各组分与固定相作用次数多，而且可供选择的固定液种类很多，因而选择性好、分离效能高、分析速度快；加上有多种灵敏的检测器可供选择，所以分析灵敏度高。气相色谱法的缺点是不能用于热稳定性差，或蒸气压低以及离子型的化合物的分析。

气相色谱仪主要包括四部分，即气路系统、进样系统、分离系统和检测系统。图 6-1 为以热导池为检测器的气相色谱仪流程图。

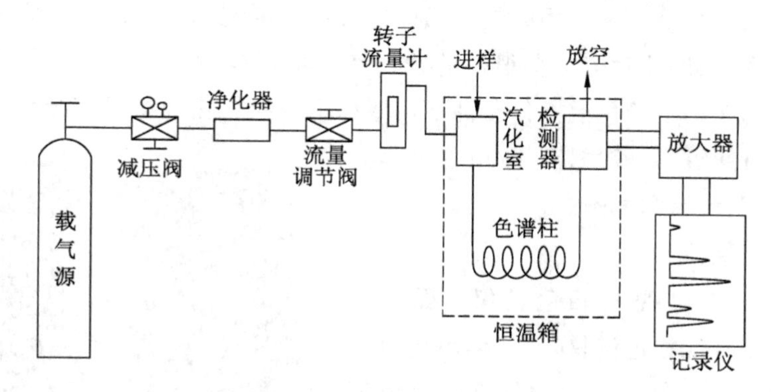

图 6-1　气相色谱仪结构示意图

载气由高压载气钢瓶供给，常用的载气有氮气、氢气、氦气等。载气经减压阀减压后进入净化器，除去载气中的杂质和水分，再通过稳压阀控制压强和流速，由压强计指示气体压强，然后进入检测器热导池的参考臂，继而进入色谱柱，最后通过热导池、流量计而放入大气。待色谱柱温度及流速稳定后，从进样器注入欲分析样品，在载气流的携带下，不同组分与柱中固定相作用，形成分离的谱带，并按顺序流过检测器，获得色谱图。

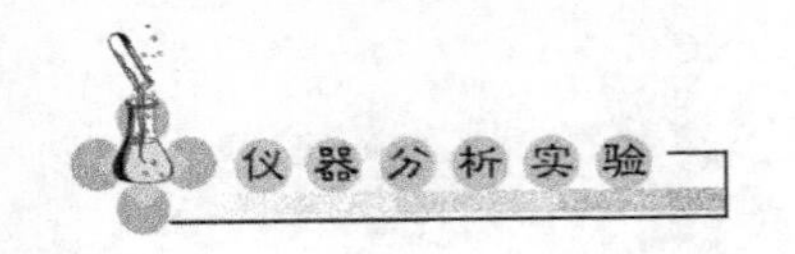

6.2 实验部分

实验 6.2.1 丁醇异构体混合物的 GC 分析——归一化法定量

【实验目的】

(1) 了解气相色谱仪的基本构造及操作流程。

(2) 掌握气相色谱保留值定性及归一化法定量的方法和特点。

(3) 掌握微量注射器进样技术。

(4) 了解气相色谱仪氢火焰离子检测器 FID 的性能和操作方法。

【实验原理】

聚乙二醇是一种常用的具有强极性且带有氢键的固定液，用它制备的 PEG-20M 色谱柱对醇类有很好的选择性；特别是对四种丁醇异构化合物的分析，在一定的色谱操作条件下，四种丁醇异构化合物可完全分离，而且分析时间短，一般只需 4 min 左右。

【主要仪器和试剂】

(1) 仪器

GC－2014 型气相色谱仪（图 6-2，或其他型号气相色谱仪），气体高压钢瓶（N_2，H_2 与空气，其中空气高压钢瓶可用空气压缩机替代），氧气减压阀与氢气减压阀，气体净化器，填充色谱柱（PEG-20M，2 m×3 mm，100～120 目），石墨垫圈，硅胶垫，色谱工作站，样品瓶，电子天平，微量注射器（1 μL）。

图 6-2 GC－2014 气相色谱仪

(2) 试剂

异丁醇、仲丁醇、叔丁醇、正丁醇（此 4 种标样均为 GC 级），样品（含少量上述四种醇，溶剂为水），蒸馏水。

【实验步骤】

(1) 准备工作

① 测试标样的配制。取一个干燥洁净的样品瓶，吸取 3 mL 水，再分别加入 10 μL 叔丁醇、仲丁醇、异丁醇与正丁醇（GC 级），准确称其质量（精确至 0.2 mg），其质量记为 m_{s_1}，m_{s_2}，m_{s_3}，m_{s_4}，摇匀备用。

② 测试样的准备。另取一个干燥洁净的样品瓶，加入约 3 mL 丁醇试样，备用。

(2) 气相色谱仪的开机及参数设置

启动气相色谱仪，按照仪器规定操作要求进行调试，将色谱仪调至所需工作状态。

色谱条件：柱温 90 ℃；汽化室温度 160 ℃；检测器温度 140 ℃；载气 N_2 流速 30 mL/min，H_2 流速 60 mL/min，空气流速 60 mL/min。

(3) 试样的定性定量分析

① 取两支 10 μL 微量注射器，以溶剂（如无水乙醇）清洗完毕后，备用。

② 打开色谱工作站，观察基线是否稳定。

③ 基线稳定后，将其中一支微量注射器用丁醇测试标样润洗后，准确吸取 1 μL 该标样按规范进样，启动色谱工作站，绘制色谱图，完毕后停止数据采集。

④ 按相同方法再测定 2 次丁醇测试标样与 3 次丁醇试样，记录主要色谱峰的峰面积。

⑤ 在相同色谱操作条件下分别以叔丁醇、仲丁醇、异丁醇与正丁醇（GC 级）标样（用蒸馏水稀释至适当浓度）进样分析，以各标样出峰时间（即保留时间）确定丁醇测试标样与丁醇试样中各色谱峰所代表的组分名称。

(4) 结束工作

① 实训完毕后先关闭氢气钢瓶总阀，待压力表回零后，关闭仪器上氢气稳压阀，关闭氢气净化器开关。

② 关闭空气钢瓶总阀，待压力表回零后，关闭仪器上空气稳压阀和空气净化器开关。

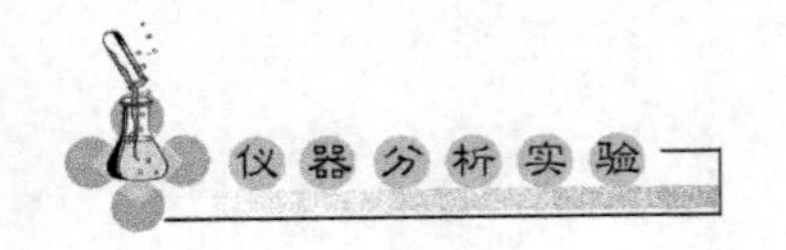

③ 设置汽化室温度、柱温在室温以上约 10 ℃以及检测室温度为 120 ℃。

④ 待柱温达到设定值时关闭气相色谱仪电源开关。

⑤ 关闭载气钢瓶和减压阀，关闭载气净化器开关。

⑥ 清理台面，填写仪器使用记录。

【数据记录与处理】

（1）记录色谱操作条件，并对色谱分离图进行适当优化处理。

（2）数据处理：

① 对丁醇测试标样绘制的色谱图，按公式 $f'_i=\frac{f_i}{f_s}=\frac{m_iA_s}{A_im_s}$（以正丁醇或其他丁醇异构体为基准物质）计算各丁醇异构体混合物的相对校正因子 f'_i。

② 对丁醇试样绘制的色谱图，按公式：

$$\omega_i=\frac{f'_iA_i}{f'_iA_1+f'_2A_2+\cdots+f'_nA_n}\times100\%=\frac{f'_iA_i}{\sum f'_iA_i}\times100\%$$

计算丁醇试样中各同分异构体的质量分数（%），并计算其平均值与相对平均偏差。

【注意事项】

（1）吸取标样和样品溶液的微量注射器必须专用，不得将针芯拉出，否则会造成损坏。

（2）判断氢火焰是否点燃的方法：将冷金属物置于出口上方，若有水汽冷凝在金属表面，则表明氢火焰已点燃。

【问题与讨论】

（1）在气相色谱定量分析时，峰面积为什么要用校正因子校正？

（2）实训结束应如何正常关机？

（3）什么情况下可以采用峰高归一化法？如何计算？

（4）本实训用 DNP 柱分离伯、仲、叔、异丁醇时，出峰的顺序如何？有什么规律？

实验6.2.2　苯、甲苯、二甲苯同系物的气相色谱法测定

【实验目的】

(1) 熟悉FID检测器的基本操作。

(2) 掌握相对校正因子的测定操作。

(3) 学会选择合适的分离条件。

【实验原理】

苯、甲苯和二甲苯等广泛应用于染料、塑料、合成橡胶、合成树脂、合成纤维、合成药物及农药等行业中，是非常重要的一类化工原料和溶剂。水体或大气中发现的苯系物主要是由化工生产中排放的废水和废气造成的。由于苯系物沸点较低，易燃易爆，毒性大，会危害人体的中枢神经和造血系统，应予以重点分析和监测。

保留值是非常重要的色谱参数，在色谱条件一定时，每种物质都有一定的保留时间 t_R。因此，在相同的色谱条件下，通过比较纯物质和未知物的保留值，将二者进行比较，即可确定未知物为何物。

本实验拟采用气相色谱仪定性检测苯、甲苯和二甲苯，并用峰面积归一化法计算组分的含量。归一化法是一种常用的简便、准确的定量方法。该法的使用条件是所有组分必须在一个分析周期内都能流出色谱柱且检测器对它们都产生响应。归一化法的计算公式是：

$$C_i\%=\frac{A_i f_i}{\sum A_i f_i}\times 100\%=\frac{A_i f_i}{A_1 f_1+\cdots+A_i f_i+\cdots+A_n f_n}\times 100\%$$

式中，$C_i\%$为 i 组分的质量百分含量，%；A_i 为 i 组分的峰面积；f_i 为 i 组分的质量校正因子。

【主要仪器与试剂】

(1) 仪器

气相色谱仪（毛细管柱、配氢火焰离子化检测器）、气体高压钢瓶（N_2，H_2 与空气）、电子天平、微量注射器1 μL。

(2) 试剂

苯、甲苯、(邻、间、对) 二甲苯，五种标样均为GC级，苯系物混合物。

【实验步骤】

(1) 开机调试

启动气相色谱仪，按照仪器规定操作要求进行调试。参考下列色谱条件，将色谱仪调至所需工作状态。待仪器气路系统达到平衡时，记录仪基线平直后，即可进样。

色谱条件：柱温 85 ℃；汽化室 150 ℃；氢焰 150 ℃；载气 N_2 流速 40 mL/min，H_2 流速 40 mL/min，空气流速 400 mL/min。

(2) 苯、甲苯、二甲苯的定性定量分析

① 取两支 1 μL 微量注射器，用无水乙醇（或丙酮）清洗后，备用。

② 观察基线稳定后，用苯标样润洗其中一支注射器，准确吸取 0.1 μL该标样按规范注入色谱柱，启动色谱工作站，绘制色谱图，完毕后停止数据采集。平行测定 3 次。

③ 按测定苯标样方法，再测定甲苯、二甲苯标样，观察记录各自保留时间，确定苯、甲苯和二甲苯的峰面积。

(3) 混合物的分析

用微量注射器吸取混合试样 0.2 μL 注入色谱仪，将混合物中各组分的保留时间与苯、甲苯、二甲苯的保留时间做对照，进行定性分析，若保留时间一致，表明混合物中含有该组分。由各组分峰面积用归一化法计算各组分的百分含量。

(4) 结束工作

① 实验结束后，关闭氢气钢瓶总阀，待压力表回零后，关闭氢气稳压阀，关闭氢气净化器开关。

② 关闭空气钢瓶总阀，待压力表回零后，关闭空气稳压阀，关闭空气净化器开关。

③ 设置汽化室温度，柱温在室温以上约 10 ℃，检测室温度为 110 ℃。待柱温下降到设定值，切断气相色谱仪电源。

④ 关闭载气钢瓶，关闭净化器开关，填写仪器使用单。

【数据记录与处理】

(1) 根据混合物的色谱流出曲线和各单组分的保留时间（表 6-1），对混合物中未知组分进行定性分析。

表 6-1　数据记录表

定性分析	纯物质	苯	甲苯	邻二甲苯	间二甲苯	对二甲苯
	t_R/min					
混合物	t_R/min					

（2）用归一化法计算混合物中各组分的相对质量百分含量，各组分的相对质量校正因子见表 6-2。

表 6-2　相对质量校正因子表

组分	苯	甲苯	对二甲苯	间二甲苯	邻二甲苯
f_i	0.89	0.94	1.00	0.96	0.98

【注意事项】

（1）氢气是一种危险气体，使用过程中一定要按要求规范操作，而且色谱实验室一定要有良好的通风设备。

（2）点燃氢火焰时，应将氢气流量开大，以保证顺利点燃；点燃氢火焰后，再将氢气流量缓慢降至规定值。若氢气流量降得过快会熄火。

（3）进样的同时按下数据采集键，以保证计时准确。

【问题与讨论】

（1）氢火焰检测器在使用时应注意哪些问题？

（2）归一化法对进样量的准确性有无严格要求？它适用于什么情况？

（3）为了确保实验安全，操作中应注意什么？

实验 6.2.3　内标法测定无水乙醇中的微量水

【实验目的】

（1）进一步熟悉气相色谱仪的基本操作。

（2）学会气相色谱法测定乙醇中微量水分含量的方法。

（3）掌握内标法测定的原理及计算方法。

【实验原理】

内标法是一种准确而应用广泛的定量分析方法，操作条件和进样量不必严格控制，限制条件较少。当样品中的所有组分不能全部流出色谱柱，某些组分在检测器上无信号或只需测定样品中的某几个组分时，可采用内标法。

内标法具体做法：准确称取样品，加入一定量某种纯物质作为内标物，然后进行色谱分析。根据内标物的质量 m_s 与样品的质量 m 及相应的峰面积 A 求出待测组分的含量。

待测组分质量 m_i 与内标物质量 m_s 之比等于相应的峰面积之比。

$$\frac{m_i}{m_s}=\frac{A_i f_i}{A_s f_s}$$

$$m_i=\frac{A_i f_i}{A_s f_s}m_s$$

$$W_i=\frac{m_i}{m}=\frac{A_i f_i m_s}{A_s f_s m}$$

式中，f_i，f_s 为 i 组分和内标物的相对质量校正因子；A_i，A_s 为 i 组分和内标物的峰面积。

在实际工作中，一般以内标物作为基准，即 $f_s=1.0$。选用内标物时需满足下列条件：① 内标物必须是待测试样中不存在的纯物质；② 内标物应与试样中待测组分的色谱峰分开，并尽量靠近；③ 内标物的加入量应接近待测物的含量；④ 内标物与样品互溶，但不能发生化学反应。

本实验样品中微量水的含量可用内标法定量，以无水甲醇为内标物符合以上条件。

【主要仪器与试剂】

（1）仪器

气相色谱仪（配热导检测器）、色谱柱、微量注射器、容量瓶、吸量管。

（2）试剂

无水乙醇（分析纯或化学纯、样品）、无水甲醇（分析纯、内标物）。

【实验步骤】

（1）溶液配制

准确量取 100 mL 待测的无水乙醇，精密称定其质量。另准确加入无水甲醇内标物约0.25 g（用减重法精密称定），混匀待用。

（2）色谱操作条件

色谱柱：401有机载体或GDX-203固定相，柱长2 m；柱温：120 ℃；气化室温度：150 ℃；检测室温度：140 ℃；载气：氢气，流速：40～50 mL/min；检测器：热导池；桥电流：150 mA；进样量：6～10 μL。

（3）样品溶液的测定

待基线平稳后，用微量注射器吸取上述样品溶液6～10 μL进样，记录色谱图，准确测量水和甲醇的峰高及半峰宽，计算无水乙醇中的含水量。

【数据记录与处理】

（1）实验数据记录于表6-3。

表6-3 数据记录表

组分	t_R/min	H/cm	A/cm²	$W_{1/2}$/cm	f_i/h	f_i/A
水					0.224	0.55
甲醇					0.340	0.58

（2）计算乙醇试剂中水的质量分数（%），并计算其平均值和相对平均偏差（%）。

【注意事项】

（1）气相色谱仪开机时要先通入载气，确保通入热导检测器后，才能打开桥电流开关；在关机时，要先关桥电流，待热导检测器温度降下来后断载气。

（2）不同型号的色谱柱其操作条件有所不同，可视具体情况做好调整。

【问题与讨论】

（1）与恒温色谱法比较，程序升温气相色谱法具有哪些优点？

（2）为什么使用甲醇作内标物？选用内标物时需满足哪些条件？

（3）为什么要选用氢气作为流动相？

实验 6.2.4　气相色谱法测定白酒中的甲醇含量

【实验目的】

(1) 了解气相色谱法在产品质量控制中的应用。

(2) 掌握用外标法进行色谱定量分析的原理和方法。

(3) 学习气相色谱法测定白酒中甲醇含量的分析方法。

【实验原理】

甲醇是白酒中的有害成分，酿酒的原料和辅料中的果胶物质经微生物转化会产生甲醇；特别是以薯类、谷糠为原料，若蒸馏不理想，酿造的成品酒中甲醇很容易超过 0.40 g/L 的国家标准。甲醇的毒性极强，可在体内蓄积，少量甲醇便可引起慢性中毒，头疼恶心，5 mL 以上可对神经系统尤其是视神经造成严重损害，甚至导致死亡。严格控制白酒中甲醇的含量，建立高效的酒中甲醇分析方法十分必要。

外标法（又称标准曲线法）是在一定的操作条件下，用纯组分或已知浓度的标准溶液配制一系列不同含量的标准液，准确进样，根据色谱图中组分的峰面积（或峰高）对组分含量作标准曲线。在完全相同的色谱操作条件下，依据样品的峰面积（或峰高），从标准曲线上查出其相应含量。利用气相色谱可分离、检测白酒中的甲醇含量，在相同的操作条件下，分别将等量的试样和含甲醇的标准样进行色谱分析，由保留时间可确定试样中是否含有甲醇，比较试样和标准样中甲醇峰的峰面积，可确定试样中甲醇的含量。

【主要仪器和试剂】

(1) 仪器

气相色谱仪、氢火焰检测器（FID）、GDX 填充柱（3 mm×3 m）、色谱工作站、10 μL 微量注射器、容量瓶、吸量管。

(2) 试剂

甲醇（色谱纯）。甲醇标准溶液（6 000 μg/mL）：准确称取甲醇 600 mg，用超纯水冲洗移入 100 mL 容量瓶并定容，摇匀备用。乙醇（60%）：不含甲醇的无水乙醇 300 mL，用水稀释至 500 mL。市售白酒。

【实验步骤】

（1）甲醇标准溶液的配制

用电子天平准确称取0.400 0 g的色谱甲醇，用超纯水冲洗移入100 mL容量瓶中，再用60%的乙醇溶液定容，此溶液为4 000 μg/mL的甲醇储备液。

准确吸取上述甲醇储备液1.00，2.00，3.00，4.00，5.00 mL分别置于5个25 mL容量瓶中，用60%乙醇稀释到刻度位置，摇匀，得含甲醇为160，320，480，640，800 μg/mL的系列标准溶液。

（2）开机调试

启动气相色谱仪，按照仪器规定操作要求进行调试。参考下列气相色谱条件设置气相色谱仪，FID点火并检查基线工作是否正常。

色谱条件：柱温起始30 ℃，恒温5 min后，以10 ℃/min升温至100 ℃，再以20 ℃/min升温至200 ℃，恒温5 min。进样口温度220 ℃。检测器温度300 ℃。载气纯度99.999%，N_2流速20 mL/min，H_2流速30 mL/min，空气流速300 mL/min，尾吹气流量28 mL/min，分流比70∶1。

（3）标准工作曲线的制作

用微量注射器吸取1 μL各色谱级甲醇注入色谱仪，获得色谱图，以保留时间作为定性对照，确定甲醇色谱峰。

在色谱工作站建立新方法（面积外标法），在确定的色谱条件下，依次由低到高分别用注射器准确取1 μL标准使用液进行分析，每个浓度点用色谱仪分析3次，测得它们的峰面积，结果以甲醇平均峰面积为纵坐标Y、甲醇浓度为横坐标X，绘制标准工作曲线，得到线性方程和相关系数。

（4）白酒样品中甲醇的测定

分别吸取1 μL浓度从低到高的甲醇标准溶液和白酒样品，依次注入进样口，记录各标准溶液和样品的出峰情况和峰面积，确定白酒样品合适的稀释比。

【数据记录与处理】

（1）以色谱峰峰面积为纵坐标Y、甲醇标准溶液浓度为横坐标X，绘制标准曲线。

（2）根据试样溶液色谱图中甲醇的峰面积，查出试样溶液中甲醇的含量（μg/100 mL）。

【注意事项】

在完成定性操作时，要注意进样与色谱工作站采集数据在时间上的一致性。

【问题与讨论】

（1）为什么甲醇标准溶液要以60%乙醇水溶液为溶剂配制？配制甲醇标准溶液还需要注意些什么？

（2）外标法定量的特点是什么？外标法定量的主要误差来源有哪些？

实验6.2.5 气相色谱内标法测定白酒中乙酸乙酯含量

【实验目的】

（1）掌握气相色谱内标法的定量分析依据。

（2）掌握气相色谱测定白酒中乙酸乙酯含量的方法。

【实验原理】

酯类是具有芳香的化合物，在各种香型白酒中起着重要的作用，是酒体香气浓郁的主要因素。乙酸乙酯是白酒的重要香味成分，它的含量高低在一定程度上代表着白酒品质的好坏，对白酒中乙酸乙酯进行定量检测能有效鉴别白酒的质量等级。

酒中各组分如乙酸乙酯、乙醇、酸类、醛类等在固定相中的分配性能（溶解能力）存在差别，在载气的带动下，溶解性能小的先出峰，反之则后出峰。通过保留时间进行定性分析，利用色谱峰的峰高或峰面积进行定量分析。目前，检测乙酸乙酯的标准方法是气相色谱内标法。

【主要仪器与试剂】

（1）仪器

岛津GC-2010气相色谱仪（FID检测器）、Agilent DB-WAX弹性石英毛细管柱（30 m×0.32 mm×0.25 μm）、10 μL微量注射器。

（2）试剂

乙醇、乙酸正戊酯、乙酸乙酯（均为色谱纯），市售白酒。

【实验步骤】

（1）溶液配制

① 乙酸正戊酯标准储备液（20.00 mg/L）：准确称取乙酸正戊酯（内标）2.000 g，置于 100 mL 容量瓶中，以 60%乙醇溶液定容，摇匀。

② 乙酸乙酯标准储备液（20.00 mg/L）：准确称取乙酸乙酯 2.000 g，置于 100 mL 容量瓶中，以 60%乙醇溶液定容，摇匀。

③ 混合标样：分别吸取上述标准储备液各 1.00 mL，混合后置于 50 mL容量瓶中，用上述乙醇溶液定容，两者浓度均为 0.4 mg/L。

④ 白酒试样的配制：吸取白酒样品 10.00 mL 于 10 mL 容量瓶中，加入 20.00 mg/mL 内标液 0.20 mL，混匀备用。

（2）确定色谱条件

打开气源，调节各气源至合适的输出压力；打开气相色谱仪，连接工作站，设置好色谱条件：

① 气体流量：载气 N_2 30 mL/min，H_2 30 mL/min，空气 400 mL/min。

② 温度条件：进样口温度 220 ℃；检测器温度 220 ℃；程序升温：60 ℃（1 min）—升温至 90 ℃（升温速度 3 ℃/min）—220 ℃（升温速度 40 ℃/min）。

（3）定性分析

根据实验条件，将色谱仪调节至可进样状态（基线平直即可），用微量注射器分别吸取乙酸乙酯、乙酸正戊酯标准储备液进样，进样量随仪器灵敏度而定，记录每个纯样的保留时间 t_R。

① 校正因子 f 值的测定：在同样色谱条件下，吸取混合标样 0.4 μL 进样，记录色谱数据（出峰时间及峰面积），用乙酸乙酯的峰面积与内标峰面积之比，计算出乙酸乙酯的相对校正因子 f 值。

② 样品的测定：同样条件下，吸取已加入 20.00 mg/mL 乙酸正戊酯的酒样 0.4 μL 进样，记录色谱数据（出峰时间及峰面积），根据计算公式计算出酒样中乙酸乙酯的含量。

【数据记录与处理】

计算：

$$f=\frac{A_1}{A_2}\times\frac{d_2}{d_1}$$

$$X=f\times\frac{A_3}{A_4}\times C\times 10^{-3}$$

式中，X 为酒样中乙酸乙酯的含量，g/L；f 为乙酸乙酯中的相对校正因子；A_1 为标样 f 值测定时内标物的峰面积；A_2 为标样 f 值测定时乙酸乙酯的峰面积；A_3 为酒样中乙酸乙酯的峰面积；A_4 为酒样中内标物的峰面积；d_1 为内标物的相对密度；d_2 为乙酸乙酯的相对密度；C 为（添加在酒样中）内标物的质量浓度，mg/L。

【注意事项】

(1) 安装毛细管柱时要特别小心，防止碎裂。

(2) 进样量不要太大。

【问题与讨论】

(1) 气相色谱内标法的优缺点是什么？

(2) 本实验中选择乙酸正戊酯作为内标物，应符合哪些条件？

(3) 本实验要求进样准确吗？

实验 6.2.6 气相色谱法测定蔬菜中有机磷农药的残留量

【实验目的】

(1) 了解火焰光度检测器的特点及应用。

(2) 学习蔬菜中有机磷农药残留量的气相色谱测定方法。

【实验原理】

有机磷农药是一种高效广谱型杀虫剂，能大大降低病虫害对蔬菜的危害，但农药残留问题比较突出，有机磷农药导致的急性中毒事件也屡见不鲜，加强蔬菜中有机磷农药的残留监测，对于保障人民群众的食品安全意义重大。

含有机磷的样品在富氢焰上燃烧时，产生激发态的 HPO^* 分子，当它回到基态时会发射出波长为526 nm的特征光。这种特征光经滤光片选择后，由光电倍增管接收，转换成电信号而被检出。试样的峰面积或峰高与标准品的峰面积或峰高进行比较定量。

【主要仪器与试剂】

（1）仪器

气相色谱仪（配有火焰光度检测器FPD）、电动振荡器、微量注射器（10 μL）、具塞锥形瓶。

（2）试剂

二氯甲烷（分析纯）、无水硫酸钠（分析纯）、活性炭（用3 mol/L盐酸浸泡过夜，抽滤，洗至中性，在120 ℃下烘干备用）、甲胺磷、对硫磷和乐果标准储备液（纯度均≥99%，100 μg/mL）。

【实验步骤】

（1）农药系列标准溶液配制

临用前用微量移液器准确量取甲胺磷、对硫磷和乐果标准储备液20，40，60，80，100 μL，分别置于10 mL容量瓶中，用二氯甲烷稀释定容至刻度位置，即成0.2，0.4，0.6，0.8，1.0 μg/L的混合系列标准溶液，4 ℃冰箱贮藏。

（2）样品前处理

将蔬菜洗净、晾干，取可食部分剪碎混匀。称取样品10.00 g，置于具塞锥形瓶内，加入无水硫酸钠30～80 g（根据蔬菜含水量而定）混匀脱水，直至水分完全脱除（剧烈振摇后应有固体硫酸钠存在）。加入0.2～1.0 g活性炭脱色，加入70 mL二氯甲烷，在振荡器中振荡30 min，经滤纸过滤。量取35 mL滤液，在通风柜中室温下自然挥发至近干，残渣用二氯甲烷少量多次研洗，移入10 mL具塞刻度试管中，并定容至2 mL，备用。

（3）仪器操作

打开气相色谱仪，连接工作站，设置好色谱条件：

色谱柱：OV-1701（30 m×0.32 mm×0.25 μm）；升温程序：60 ℃（保持1 min）—升温至210 ℃（升温速度30 ℃/min，保持10 min）—升温到240 ℃（升温速度10 ℃/min，保持6 min）；检测器温度为260 ℃，进

样口温度为250 ℃，不分流；载气为N_2（纯度99.999%），压力0.41 MPa，流速1.20 mL/min，H_2压力0.39 MPa，空气压力0.41 MPa。

（4）标准曲线制备

取10 μL微量进样器，准确吸取2.0 μL甲胺磷、对硫磷和乐果的混合系列标准溶液，按规范进样，启动色谱工作站，绘制色谱图，得到不同浓度有机磷标准溶液的峰面积，分别绘制有机磷农药浓度-峰面积标准曲线。

（5）样品分析

取10 μL微量进样器，准确吸取2.0 μL待测样品提取液，在相同条件下进样，得到试样的色谱图，在色谱峰峰面积标准曲线上查得相应组分的含量。

【数据记录与处理】

测定结果计算：

$$X=\frac{m'}{1\,000m}$$

式中，X为试样中有机磷农药的含量，mg/kg；m'为进样体积中有机磷农药的质量，由标准曲线中查得，ng；m为与进样体积（μL）相当的试样质量，g。

【注意事项】

（1）FPD在富氢焰下工作，不点火不开H_2，要注意观察避免火焰熄灭。

（2）要保持FPD燃烧室的清洁，避免受到溶剂污染。

【问题与讨论】

（1）火焰光度检测器的检测原理是什么？

（2）使用火焰光度检测器应注意哪些问题。

第7章 高效液相色谱法

CHAPTER 7

【知识目标】

了解高效液相色谱法的主要类型及应用范围。

熟悉高效液相色谱仪的基本结构及工作流程。

掌握高效液相色谱法分离原理。

掌握高效液相色谱仪的使用方法及日常维护知识。

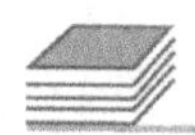

【能力目标】

能正确进行样品的采集与制备，并根据样品性质合理选择固定相和流动相。

能熟练操作高效液相色谱仪并能正确建立分析方法，能判断液相色谱柱性能优劣。

会选择高效液相色谱法最佳操作条件，能对样品进行定性和定量检测。

能对分析数据进行处理，做出合理评价并填写检验报告书。

7.1 概 述

高效液相色谱法（high performance liquid chromatography，HPLC）是20世纪60年代末70年代初发展起来的一种新型分离分析技术，是以液体为流动相的一种色谱分析法。它是在经典液相色谱基础上，引入了气相色谱的理论，在技术上采用了高压驱动流动相、高效固定相和高灵敏度检测器，而发展起来的快速分离分析技术，具有分离效率高、检测限低、操作自动化和应用范围广等特点。

HPLC和GC主要区别如下：

分析对象的差别　GC的分析对象为能汽化、热稳定性好且沸点较低的样品，高沸点、挥发性差、热稳定性差、离子型及高聚物的样品不可检测，可检测的样品约占有机物的20%。HPLC的分析对象为溶解后能制成溶液的样品，不受样品挥发性和热稳定性的限制，分子量大、难汽化、热稳定性差及高分子和离子型样品均可检测，用途广泛，可检测的样品约占有机物的80%。

流动相差别　GC的流动相为惰性气体，组分与流动相无亲合作用力，只与固定相作用。HPLC的流动相为液体，流动相与组分间有亲合作用力，为提高柱的选择性、改善分离度增加了因素，对分离起很大作用。流动相种类较多，选择余地广，流动相极性和pH值的选择也对分离起到重要作用；选用不同比例的两种或两种以上液体作为流动相可以增加分离选择性。

操作条件差别　GC的操作条件为加温、常压，而HPLC一般为室温、高压。

高效液相色谱仪主要有分析型、制备型和专用型3类，一般由5个部分组成：高压输液系统、进样系统、分离系统、检测系统和数据处理系统。输液泵、色谱柱、检测器是仪器的基础部件，此外还配有辅助装置，如梯度淋洗、自动进样器。

7.2　实验部分

实验7.2.1　高效液相色谱柱的性能考察及分离度测试

【实验目的】

(1) 了解高效液相色谱仪基本结构和工作原理，初步掌握其操作技能。

（2）学习高效液相色谱柱效能的评定及分离度的测定方法。

（3）了解高效液相色谱法在日常分析中的应用。

【实验原理】

在高效液相色谱中，若采用非极性固定相（如十八烷基硅烷，辛烷基硅烷等）、极性流动相（由水和一定量的与水互溶的极性调节剂组成，如甲醇、乙腈等），即构成反相色谱分离系统；反之，则称为正相色谱分离系统。反相色谱系统所使用的流动相成本较低，应用也更为广泛。这种分离方式适合于同系物、苯并系物等。萘、苯、联苯在十八烷基硅烷键合硅胶柱上的作用力大小不等，它们的分配比不等，在柱内的移动速率不同，因而随流动相流出柱子的时间顺序有先后之分。

定量分析时，为便于准确测量，要求定量峰与其他峰或内标峰之间有较好的分离度。

分离度：

$$R=\frac{t_{R_2}-t_{R_1}}{\frac{1}{2}(W_1+W_2)}$$

$$=\frac{2(t_{R_1}-t_{R_1})}{W_1+W_2}$$

柱效（理论板数）：

$$n=5.54\left(\frac{t_R}{W_{1/2}}\right)^2=16\left(\frac{t_R}{W}\right)^2$$

【主要仪器与试剂】

（1）仪器

高效液相色谱仪（图7-1，配有紫外检测器）、分析天平、C_{18}色谱柱、超声波清洗器、流动相过滤器、容量瓶、吸量管、100 μL 平头微量进样器。

（2）试剂

苯、萘、联苯、正己烷等（均为分析纯），甲醇（色谱纯），高纯水。

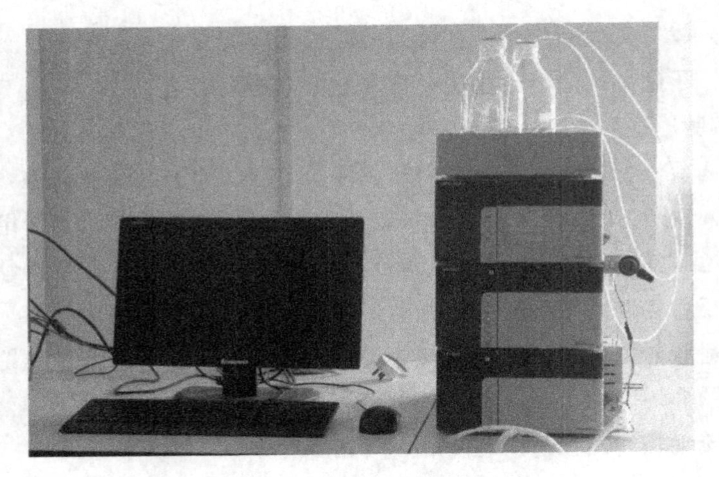

图 7-1 高效液相色谱仪

【实验步骤】

(1) 色谱条件

色谱柱：长 150 mm，内径 4.6 mm，装填 5 μm 的 C_{18} 烷基键合固定相。

柱温：室温 25 ℃。

流动相：甲醇-水（83∶17），流量 1.0 mL/min。

紫外检测器：波长 254 nm，灵敏度 0.080。

进样量：3 μL。

(2) 标准溶液的配制

① 流动相。配制甲醇-水（83∶17）的流动相，经 0.45 μm 的有机微孔滤膜过滤后，装入流动相储液瓶内，用超声波清洗器脱气 20 min。

② 标准储备液。配制含苯、萘、联苯各 1 000 μg/mL 的正己烷溶液，混匀备用。

③ 标准使用液。用上述储备液配制含苯、萘、联苯各 10 μg/mL 的正己烷溶液，混匀备用。

(3) 色谱测定

① 按照仪器使用说明，依次打开各仪器单元，打开输液泵旁路开关，将流路中的气泡排出，启动输液泵，将仪器调试至正常工作状态。设置流动相流速 1.0 mL/min，检测器波长为 254 nm，同时启动在线工作软件。

至系统稳定、基线平直后，即可进样。

② 用平头微量注射器进样（进样量由进样阀定量管确定），检查进样阀柄使其处于“load”位置，注入样品，再将阀柄转至“inject”位置，仪器开始采样。待所有色谱峰流出完毕后，记录各组分色谱峰的保留时间、峰面积及分离比，再重复进样2次。

③ 实验结束时，按操作规程清洗系统及色谱柱，关机。

【数据记录与处理】

(1) 记录色谱柱性能测试的实验条件（色谱柱类型、流动相及其配比、检测波长、进样量等）。

(2) 记录色谱图中苯、萘、联苯的保留时间 t_R，测量相应色谱峰的半峰宽 $W_{1/2}$，计算各组分的理论塔板数 n 及分离度 R。已知组分的出峰顺序为苯、萘、联苯。

【注意事项】

(1) 流动相要经脱气后方可使用。放置了24 h或以上的水相或含水相的流动相如需再用，需用微孔滤膜重新过滤。

(2) 仪器长时间不用，每个泵通道和整个流路一定要用甲醇冲洗后保存，以免结晶或造成污染。

【问题与讨论】

(1) 与气相色谱法相比，液相色谱法有哪些特点？

(2) 为什么高效液相色谱柱要采用5～10 μm粒度的固定相？

(3) 实验结束后，应如何清洗色谱柱？

实验7.2.2 内标对比法测定对乙酰氨基酚的含量

【实验目的】

(1) 掌握样品、流动相的处理方法。

(2) 掌握内标对比法的测定步骤和结果计算方法。

【实验原理】

内标对比法是内标法的一种，是高效液相色谱法中最常用的定量分析

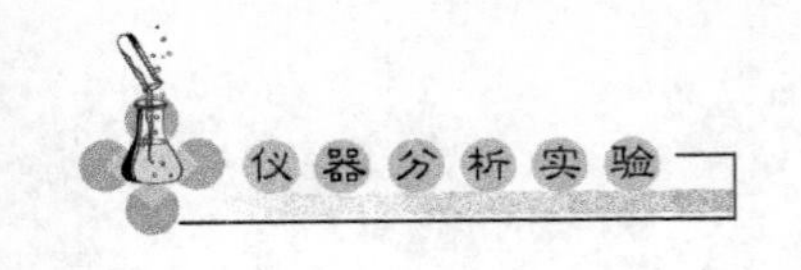

方法之一。分别配制含有等量内标物的对照品溶液和试样溶液，经 HPLC 分析后，测得上述两溶液中待测组分（i）和内标物（is）的峰面积，按下式计算试样溶液中待测组分的浓度：

$$C_{i试样}=C_{i对照}\times\frac{(A_i/A_{is})_{试样}}{(A_i/A_{is})_{对照}}$$

对乙酰氨基酚（对乙酰氨基酚，PCM）为苯胺类解热镇痛药，是治疗发热、镇痛的首选药物之一。对乙酰氨基酚稀碱溶液在波长 257 nm 附近有最大吸收，可以用于定量测定。在其生产过程中，有可能引入对氨基酚等中间体，这些杂质在上述波长处也有紫外吸收，若采用紫外分光光度法测定含量，方法影响因素较多。为避免杂质干扰，本实验采用 HPLC 内标对比法测定对乙酰氨基酚含量。

【主要仪器和试剂】

（1）仪器

高效液相色谱仪、C_{18}色谱柱（4.6 mm×150 mm，5 μm）、电子天平、容量瓶、移液管。

（2）试剂

对乙酰氨基酚对照品，非那西丁对照品，对乙酰氨基酚原料药，甲醇（色谱纯），重蒸馏水，针头滤器（0.45 μm，有机系）。

【实验步骤】

（1）色谱条件

色谱柱：C_{18}色谱柱（4.6 mm×150 mm，5 μm）；流动相：甲醇-水（60∶40）；流速：0.6 mL/min；检测波长：257 nm；柱温：室温 25 ℃；进样量：20 μL。

（2）内标溶液的配制

精密称取非那西丁对照品约 0.250 0 g，用适量甲醇溶解后加入 100 mL容量瓶中，并稀释至刻度位置，摇匀即得内标溶液。

（3）对照品溶液的配制

精密称取对乙酰氨基酚对照品约0.005 0 g，用适量甲醇溶解后加入 100 mL 容量瓶中，再精密加入内标溶液 10.00 mL，用甲醇稀释至刻度位置，摇匀。精密量取 1.00 mL 置于 50 mL 容量瓶中，加流动相稀释至刻度位置，摇匀即得。

（4）试样溶液的配制

精密称取对乙酰氨基酚样品约 0.005 0 g，用适量甲醇溶解后加入 100 mL 容量瓶中，再精密加入内标溶液 10.00 mL，用甲醇稀释至刻度位置，摇匀。精密量取 1.00 mL 置于 50 mL 容量瓶中，用流动相稀释至刻度位置，摇匀即得。

（5）进样分析

对乙酰氨基酚对照品溶液经 0.45 μm 滤膜滤过。用微量注射器吸取滤液，进样 20 μL。记录色谱图，重复 3 次。以同样方法分析试样溶液。

【数据记录与处理】

按表 7-1 记录峰面积，并按下式计算对乙酰氨基酚的百分含量。

$$W(\%)=\frac{(A_i/A_{is})_{试样}}{(A_i/A_{is})_{对照}}\times\frac{m_{i对照}}{m_{试样}}\times 100\%$$

式中，$m_{i对照}$ 为对照溶液中组分 i 的量。

表 7-1　数据记录表

序号	对照品溶液			试样溶液		
	A_i	A_{is}	A_i/A_{is}	A_i	A_{is}	A_i/A_{is}
1						
2						
3						
平均值						

【注意事项】

（1）流动相应选用色谱纯试剂、高纯水或双蒸水；酸碱液及缓冲液经过滤后使用，过滤时注意区分水系膜和油系膜的使用范围；水相流动相需经常更换（一般不超过 2 天），防止滋生细菌导致变质。

（2）实验中可通过选择适当长度的色谱柱，调整流动相中甲醇和水的比例或流速，使对乙酰氨基酚与内标物的分离度达到定量分析的要求。

（3）内标对比法是内标校正曲线法的应用。若已知校正曲线通过原点，并在一定线性范围内，则可用内标对比法测定。该法只需配制一种与待测组分浓度接近的对照品溶液，并在对照品溶液与试液中加入等量内标

(可不必知道内标物的准确加入量),即可在相同条件下进行测定。

【问题与讨论】

(1) 内标对比法定量有何优缺点?

(2) 如何选择内标物质,以及内标物的加入量?

(3) 实验中试样溶液和对照品溶液中的内标物浓度是否必须相同?为什么?

实验 7.2.3 反相色谱法测定甾体药物氢化可的松

【实验目的】

(1) 了解反相色谱法分离甾体药物的原理。

(2) 掌握利用内标法进行色谱定量分析的实验方法。

【实验原理】

甾体药物主要指肾上腺皮质激素类药物,包括氢化可的松、可的松、泼尼松、倍他米松、地塞米松、泼尼松等,它们都是甾醇的衍生物。其中氢化可的松的结构如图 7-2 所示,其分子式为 $C_{21}H_{30}O_5$(M=362.47 g/mol)。这一药物过去用气相色谱分析时,容易受热分解失去生理活性,因此目前多采用高效液相色谱法分析,使用最多的是 C_{18}烷基键合相柱,采用甲醇-水混合溶剂作为流动相,用炔诺酮作为内标物质。

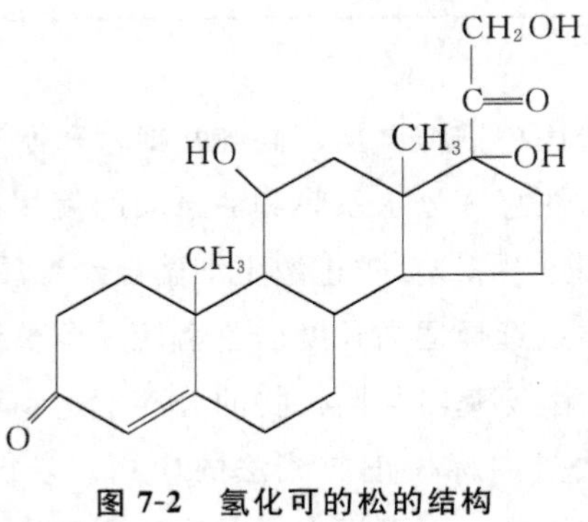

图 7-2 氢化可的松的结构

由于氢化可的松和炔诺酮在色谱体系中的分配能力不同,即容量因子

k不同，因此保留时间 t_R 不同，在色谱图上呈现不同位置的色谱峰。

采用内标法定量时，首先将一定量的氢化可的松的标准品（W_i）与炔诺酮的标准品（W_s）混合，进行色谱分离，测得峰面积分别为 A_i 和 A_s，求出相对校正因子 f'。

$$f'=\frac{A_s}{A_i}\times\frac{W_i}{W_s}$$

样品分析时，将一定量的炔诺酮标准品（W_s'）加入预测样品中，进行色谱分离，测得峰面积分别为 A_s'和 A_i'，样品中氢化可的松的量为

$$W_i'=f'\frac{A_i'}{A_s'}W_s'$$

【主要仪器和试剂】

（1）仪器

高效液相色谱仪、电子天平、研钵、超声波清洗器。

（2）试剂

甲醇-水（70：30）混合溶剂、氢化可的松标准品、氢化可的松片剂、高纯水。

【实验步骤】

（1）色谱条件

色谱柱：C_{18}色谱柱（50 mm×4.6 mm，5 μm）；流动相：甲醇-水（70：30）；流速：1.0 mL/min；检测波长：245 nm；柱温：40 ℃；进样量：10 μL。

（2）内标溶液制备

准确称取一定量炔诺酮标样，加甲醇溶解后制成 0.400 mg/mL 的溶液。

（3）氢化可的松标准溶液制备

准确称取一定量氢化可的松标样，加甲醇溶解后制成 0.500 mg/mL 溶液。

（4）氢化可的松样品溶液制备

准确称取氢化可的松片剂 20 片，研细后，准确称取适量粉末（约相当于氢化可的松 20 mg），加无水甲醇约 75 mL，超声溶解后定容于

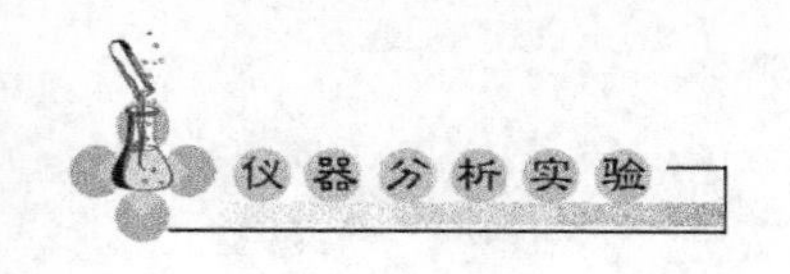

100 mL容量瓶中，过滤后备用。

(5) 相对校正因子的测定

取 1.00 mL 氢化可的松标准溶液与 1.00 mL 内标物溶液混合，待仪器稳定后，注入 10 μL 混合液，记录色谱图Ⅰ。平行测定 3 次。

(6) 样品分析

取 1.00 mL 氢化可的松样品溶液与 1.00 mL 内标物溶液混合，注入 10 μL 混合液，记录色谱图Ⅱ。平行测定 3 次。

【数据记录与处理】

(1) 根据色谱图Ⅰ中两峰的面积，计算相对校正因子。

(2) 根据色谱图Ⅱ中两峰的面积，计算氢化可的松的注入量和浓度。

(3) 计算氢化可的松在药片中的含量，用 mg/片表示。

(4) 用峰高替代峰面积进行计算，将计算结果进行比较。

【注意事项】

(1) 测定时，样品中不应有悬浮物。

(2) 为获得良好的结果，要求标准和样品进样量要一致。

【问题与讨论】

(1) 内标法与外标法比较，各有什么特点？

(2) 如何选取内标物质？

实验 7.2.4 外标一点法测定 APC 片剂中阿司匹林的含量

【实验目的】

(1) 掌握 HPLC 法测定 APC 片中阿司匹林含量的方法。

(2) 掌握外标定量法。

(3) 了解高效液相色谱法在药物分析中的应用。

【实验原理】

阿司匹林片为常用的解热、镇痛药，其含量测定方法为酸碱中和滴定法。本实验采用高效液相色谱法测定其含量，可消除其他含有酸、碱物质对测定的干扰，可更有效地控制制剂的质量。采用甲醇-水-冰醋酸（40：

59∶1）为流动相，在ODS柱上将阿司匹林片中各成分进行分离，将其置于280 nm波长处进行测定。在相同条件下，分别记录APC样品试液和阿司匹林标准液的色谱图，读取各组分的峰面积，用外标一点法求出APC片剂中各组分含量。方法操作简便，专一性强，结果准确。

【主要仪器和试剂】

（1）仪器

高效液相色谱仪、电子天平、研钵、超声波清洗器。

（2）试剂

阿司匹林对照品、甲醇（色谱纯）、冰醋酸、盐酸（分析纯）、双蒸水。

【实验步骤】

（1）选择色谱条件

色谱柱：ODS－C_{18}色谱柱（150 mm×4.6 mm，5 μm）；流动相：甲醇-水-冰醋酸（40∶59∶1）；流速：1.0 mL/min；检测波长：280 nm；柱温：室温25 ℃；进样量：20 μL；理论板数按阿司匹林峰计算不低于6 000,分离度符合要求。

（2）配制样品溶液和标准溶液

① 样品溶液配制

取本品20片，精密称定，研细，精密称取适量（约相当于阿司匹林10 mg），置于100 mL量瓶中，加0.1 mol/L盐酸溶液适量，利用超声使阿司匹林溶解，放冷至室温，加0.1 mol/L盐酸溶液稀释至刻度位置，摇匀，滤过，精密量取续滤液5 mL置于25 mL量瓶中，加0.1 mol/L盐酸溶液稀释至刻度位置，摇匀，用0.45 μm微孔滤膜滤过，取续滤液，备用。

② 标准溶液的配制

取阿司匹林对照品适量，加0.1 mol/L盐酸溶液溶解，并稀释制成每1 mL中约含阿司匹林20 μg的溶液。

（3）测定

精密吸取上述样品溶液和标准溶液各20 μL注入高效液相色谱仪，记录色谱图。

【注意事项】

（1）溶液纯度要符合要求。

（2）流动相要脱气才能使用。

（3）测定阿司匹林时，溶液制备后应尽快测定，以免阿司匹林水解。

【数据记录与处理】

（1）比较所得的色谱图，确定样品色谱图上各峰的归属。

（2）测量样品和标准溶液色谱图中对应峰的面积（或峰高），按外标法计算公式可求出样液中各组分的含量 m_i(mg/mL)，并求出每片 APC 中该成分的含量（mg/片）。

$$m_i = m_s \frac{A_i}{A_s}$$

式中，m_i 为样品液中组分 i 的质量浓度；m_s 为标准液中组分 i 的浓度；A_i 为样品试液中组分 i 的峰面积；A_s 为标准液中组分 i 的峰面积。

（3）将测定值与标准值比较，计算其相对误差，并分析原因。

【问题与讨论】

（1）阿司匹林片剂的分析还可以采取什么方法？写出两种。

（2）标准品和样品的进样量是否应严格保持一致？为什么？

（3）高效液相色谱法定量方法有哪些？各有何优缺点？

（4）为什么 HPLC 中流动相的组成和 pH 对组分的滞留和分离影响很大？若要考察这种影响，应如何安排实验条件？

实验 7.2.5　高效液相色谱法测定食品中的维生素 C 的含量

【实验目的】

（1）掌握高效液相色谱法测定维生素 C 含量的方法。

（2）熟悉蔬菜或水果中维生素 C 的提取方法。

【实验原理】

维生素 C（分子式：$C_6H_8O_6$），极易溶于水，水溶液显酸性，具有较强的还原性，不稳定，见光易氧化，氧化产物为脱氢型维生素 C，并进一步水解成 2，3 -二酮古洛糖酸。

样品经偏磷酸-乙酸提取，经高效液相色谱分离，测定波长为266 nm，在相同的实验条件下，将不同浓度的维生素C标准溶液也注入色谱系统，分别测定样品和标准溶液中维生素C色谱峰的保留时间和峰面积，进行定性和定量分析。

【主要仪器和试剂】

（1）仪器

高效液相色谱仪（附紫外检测器），C_{18}色谱柱（4.6 mm×250 mm，5 μm），超声波清洗器，25 μm微量进样器，微孔过滤器及0.45 μm微孔滤膜（水系和有机系），10～200 μL精密移液器，定量滤纸。

（2）试剂

偏磷酸-乙酸溶液，0.15 mol/L硫酸，偏磷酸-乙酸-硫酸液，0.04%百里酚蓝指示剂，0.02 mol/L pH 5.6磷酸二氢钾缓冲盐溶液，甲醇（色谱纯）。

【实验步骤】

（1）色谱条件

流动相：甲醇，0.01 mol/L pH 5.6磷酸缓冲溶液（40∶60）（此比例可根据所使用的色谱柱性能进行适当调节），使用前过滤和超声波脱气；流速1.0 mL/min；检测波长：266 nm。

（2）试剂配制

① 偏磷酸-乙酸溶液：称取15 g偏磷酸，加入40 mL冰醋酸及250 mL水，加热搅拌，冷却后用水定容至500 mL。

② 0.15 mol/L硫酸：取10 mL硫酸，小心加入水中并不断搅拌，再加水稀释至1 200 mL。

③ 偏磷酸-乙酸-硫酸液：以0.15 mol/L硫酸为溶剂，其余同①配制。

④ 0.04%百里酚蓝指示剂溶液：称取0.1 g百里酚蓝，加0.02 mol/L氢氧化钠溶液约10 mL，在研钵中研磨至溶解，用水稀释至250 mL。

⑤ 维生素C标准溶液的配制：准确称取维生素C 10 mg，加少量偏磷酸-乙酸-硫酸液溶解，用棕色容量瓶定容至100 mL，即得0.1 mg/mL的维生素C标准储备液，4 ℃贮存。分别吸取维生素C标准储备液0.25，0.50，1.00，1.50，2.00，2.50 mL于25 mL棕色容量瓶中，加偏磷酸-

乙酸溶液稀释至刻度，即得含维生素 C 1.0，2.0，4.0，6.0，8.0，10.0 μg/mL的系列标准溶液。

(3) 样品液的制备

蔬菜或水果：取约 100 g 新鲜样品，精密称定，倒入捣碎机内打成匀浆，然后准确称取匀浆 20～50 g，加 50 mL 偏磷酸-乙酸溶液稀释，充分混合匀浆。用百里酚蓝指示剂指示匀浆酸碱度，如显红色，直接用偏磷酸-乙酸溶液稀释；如呈黄色或蓝色，则用偏磷酸-乙酸-硫酸液稀释使其 pH 为 1.2（显红色），然后用偏磷酸-乙酸溶液定容至 100 mL（棕色容量瓶），定量滤纸过滤。以上操作均应避光。

(4) 色谱分析

根据样品中维生素 C 含量不同，将试样处理液用偏磷酸-乙酸溶液进行稀释，然后取其稀释液和系列标准溶液各 20 μL，分别注入高效液相色谱仪进行分离分析。

【数据记录与处理】

以标准溶液维生素 C 色谱峰的保留时间为依据进行定性，然后分别测量峰面积，作峰面积-维生素 C 浓度的标准曲线或回归方程，根据试样维生素 C 面积，从标准曲线或回归方程得出试样处理液中维生素 C 的浓度，并计算样品中的含量。

$$\text{维生素 C 含量(mg/100 g)}=\frac{c\times V\times 100}{m\times 1\,000}\times F$$

式中，c 为由标准曲线或回归方程求得试样稀释液中维生素 C 的浓度，μg/mL；V 为试样定容体积，mL；m 为试样质量，g；F 为试样溶液的稀释倍数。

【注意事项】

维生素 C 在空气中易氧化，故应临用时现配。若样品和标准溶液需保存，应置于 4 ℃冰箱中。

【问题与讨论】

(1) 本实验样品处理和贮藏过程中为什么要低温、避光？

(2) 维生素 C 含量测定还有哪些方法？

实验7.2.6 高效液相色谱法测定荞麦中芦丁含量

【实验目的】

(1) 掌握外标法定量分析方法的原理。

(2) 比较一点校正法与标准曲线法定量分析的异同。

【实验原理】

在高效液相色谱中，若采用非极性固定相（如C_{18}键合相）、极性流动相，即构成反相色谱分离系统。反相色谱分离系统所使用的流动相成本较低，应用也更为广泛。

常用的几种定量方法是外标法、内标法。由于高效液相色谱解决了准确进样的问题，因此常采用外标法进行定量分析。

标准曲线法又称绝对校正因子法，分析方法如下：

(1) 配制（至少5份不同浓度的）纯物质标准溶液。

(2) 测试各标准溶液，以峰面积为纵坐标、进样量为横坐标，绘制标准曲线，并求得该组分峰面积对浓度的线性回归方程。

(3) 测定样品，测得其中待测组分的峰面积。

(4) 利用回归方程或校正因子，计算样品中该组分的含量。

【主要仪器和试剂】

(1) 仪器

高效液相色谱仪、100 μL微量注射器、六通阀、超声波清洗器。

(2) 试剂

甲醇（色谱纯）、超纯水、芦丁（标准品）。

【实验步骤】

(1) 色谱条件

色谱柱：ODS 4.6 mm×250 mm；柱温：35 ℃；流动相：甲醇-水(45∶55)；流速：1.0 mL/min；检测波长：256 nm。

(2) 对照品溶液的制备

称取经干燥至恒重的芦丁对照品适量，用30%乙醇溶解，并稀释至刻度位置，摇匀，即得1 mg/mL的芦丁对照品溶液。

(3) 供试品溶液的制备

取经80 ℃烘干冷却后的苦荞麦，粉碎。准确称取0.120 g左右，置于具塞锥形瓶中，精密加入 25 mL 30%乙醇溶液，密闭，超声波处理20 min，放冷，以4 000 r/min离心10 min，取上清液备用。

(4) 标准溶液制备

分别移取对照品溶液1，2，3，4，5 mL，置于5只10 mL容量瓶中，定容。配制成0.10～0.50 mg/mL的系列标准溶液，备用。

(5) 样品测定

精密称取标准溶液、供试品溶液各20 μL，注入高效液相色谱仪分析，记录各峰面积。

【数据记录与处理】

(1) 实验数据记录见表7-2。

表7-2 数据记录表

编号	1	2	3	4	5	样品
浓度 C/(mg/L)						
峰面积 A						

(2) 绘制标准曲线

以芦丁浓度为横坐标、以峰面积为纵坐标，绘制标准曲线，并求出标准曲线方程。

(3) 样品含量

将样品峰面积代入标准曲线方程，求得样品溶液中待测物的浓度。根据取样量及稀释比，即可求得样品中待测物的含量（mg/L）。

【注意事项】

(1) 在供试品溶液的制备中，准确移取25 mL 30%乙醇后，可以先称重并记录；然后超声波处理 20 min，放冷，补足质量；最后离心(4 000 r/min)，取上清液备用。

(2) 样品含量的计算，根据样品制备过程可以确定为

$$X=\frac{CV}{m}$$

式中，X 为样品中芦丁含量，mg/g；C 为样品溶液中待测物的浓度，mg/g；V 为样品溶液的总体积，mL，这里为25.00 mL；m 为取样量，g（以实际称量为准）。

【问题与讨论】

（1）比较一点校正法与标准曲线法定量分析的异同。

（2）测定过程中，若柱压力指示值突然升高，分析原因，如何解决？

实验7.2.7 高效液相色谱法测定饮料中山梨酸和苯甲酸的含量

【实验目的】

（1）掌握高效液相色谱（HPLC）法测定饮料中山梨酸和苯甲酸含量的原理和方法。

（2）了解饮料样品的预处理方法。

【实验原理】

苯甲酸和山梨酸是食品工业最常用的食品有机防腐剂，具有抑制细菌生长和繁殖的作用，但过量摄入会加重人的肝脏负担并引起毒性反应，因此国家对防腐剂的使用有严格的限量规定。对饮料中苯甲酸、山梨酸含量进行检验，从而对其进行有效监控，对于确保消费者的食用安全意义重大。本实验中，样品先经过超声及加热除去二氧化碳和乙醇，调pH至近中性，然后微孔过滤注入高效液相色谱仪，经反相 C_{18} 液相色谱柱分离后，紫外检测器于230 nm波长处检测。以色谱峰的保留时间定性，色谱峰面积在一定范围内与浓度呈线性关系进行定量分析。

【主要仪器和试剂】

（1）仪器

高效液相色谱仪（带紫外检测器）、高速离心机、电子天平、微量注射器。

（2）试剂

甲醇（色谱纯）、稀氨水（1＋1）、0.02 mol/L乙酸铵溶液、20 g/L $NaHCO_3$ 溶液、苯甲酸、山梨酸。

【实验步骤】

（1）样品预处理

① 汽水：称取 5.0～10.0 g 样品，放入小烧杯中，微温搅拌除去二氧化碳，用氨水（1＋1）调 pH 至 7.0 左右，加水定容至 10～20 mL，经 0.45 μm 滤膜过滤后备用。

② 果汁类：称取 5.0～10.0 g 样品，用氨水（1＋1）调 pH 至 7.0 左右，加水定容至适当体积，离心沉淀，取上清液经 0.45 μm 滤膜过滤后备用。

③ 配制酒类：称取 10.0 g 样品，放入小烧杯中，水浴加热除去乙醇，用氨水（1＋1）调 pH 至 7.0 左右，加水定容至适当体积，经 0.45 μm 滤膜过滤后备用。

（2）溶液配制

① 苯甲酸标准溶液：准确称取 0.100 0 g 苯甲酸，加入 20 g/L 碳酸氢钠溶液 5 mL，加热溶解，移入 100 mL 容量瓶中，加入超纯水定容至刻度位置，得苯甲酸储备液含量为 1 mg/mL。移取上述储备液 1.5 mL，置入 25 mL 容量瓶中，加超纯水定容至刻度位置，得苯甲酸标准溶液含量为 60 μg/mL，经 0.45 μm 滤膜过滤后备用。

② 山梨酸标准溶液：准确称取 0.100 0 g 山梨酸，加入 20 g/L 碳酸氢钠溶液 5 mL 加热溶解，移入 100 mL 容量瓶中，加入超纯水定容至刻度位置，山梨酸储备液含量为 1 mg/mL。移取上述储备液 1.5 mL 置入 25 mL 容量瓶中，加超纯水定容至刻度位置，得山梨酸标准溶液含量为 60 μg/mL，经 0.45 μm 滤膜过滤后备用。

③ 苯甲酸、山梨酸混合标准溶液：取苯甲酸、山梨酸储备液各 5.0 mL 放入 50 mL 容量瓶中，加入超纯水定容至刻度位置。移取混合液 15 mL 放入 50 mL容量瓶中，加超纯水定容至刻度位置，此溶液含苯甲酸、山梨酸各 30 μg/mL，经 0.45 μm 滤膜过滤。

（3）色谱条件

色谱柱：YWG-C_{18}（4.6 mm×250 mm，10 μm，不锈钢柱）；流动相：甲醇-乙酸铵溶液（0.02 mol/L）（5∶95）；流速：1 mL/min；进样量：10 μL；检测器：紫外检测器，230 nm 波长。

（4）测定

精密吸取上述样品溶液和标准溶液各 10 μL 注入液相色谱仪，记录色谱图。

【数据记录与处理】

计算公式：

$$X=\frac{m\times 1\,000}{m_0\times \frac{V_2}{V_1}\times 1\,000}$$

式中，X 为样品中苯甲酸或山梨酸的含量，g/kg；m 为进样体积中苯甲酸或山梨酸的质量，mg；V_2 为进样体积，mL；V_1 为样品稀释液总体积，mL；m_0 为样品质量，g。

【注意事项】

（1）本方法适用于酱油、水果汁、果酱等食品中山梨酸、苯甲酸含量的测定。用于色谱分析的样品为 1 g 时，最低检出浓度为 1 mg/kg。

（2）流动相需使用色谱纯试剂，使用前必须过滤。

【问题与讨论】

（1）流动相在使用前为什么要过滤？

（2）甲醇和乙酸铵的比例不同对测定有何影响？

第8章 CHAPTER 8

Excel、Origin 软件在仪器分析实验中的应用

随着计算机技术的迅猛发展，计算机在实验数据处理方面显示出非常重要的作用，运用计算机处理实验数据已成为分析技术人员必不可少的技能。

常用的数据处理软件有 Excel，Origin 等，它们具有非常强大的数据处理功能，能够进行统计分析、函数运算、绘制图表、曲线拟合、线性回归、相关系数计算等操作，基本上所有的实验数据都能用这些软件进行作图、数据处理及分析。

8.1 Excel 在实验数据处理中的应用

Microsoft Excel 是美国微软公司开发的 Windows 环境下的电子表格系统，是目前应用最广泛的表格处理软件之一，具有强有力的数据库管理、丰富的函数及图表功能，Excel 在试验设计与数据处理中的应用主要体现在图表功能、公式与函数、数据分析工具这几个方面。

8.1.1 Excel 数据的输入及公式的建立

建立数据表格是 Excel 处理数据的基础。新建一个 Excel 文件之后，便可以进行数据输入：单击需要输入数据的单元格，使之成为活动单元格，然后从键盘上输入数据，回车即可。Excel 中数据类型有多种，如数值型、字符型和逻辑型等，在输入数据时，需要注意不同类型数据的输入方法。在实际应用中，对那些有规律变化的数据可以利用序列工具来完成数据序列的填充，这样在输入这些数据的时候，只需要输入 1～3 个数据，

其余的数据就可以通过序列填充产生。Excel不仅提供了完整的算术运算符，如十、一、*、/、%等，还提供了丰富的内置函数，如SUM（求和），AVERAGE（求算术平均值），STDEV（求标准差）等，从而可以根据数据处理需要，建立各种公式，对数据执行计算操作，生成新的数据。在Excel中，凡是以“=”开头，由单元格名称、运算符或数据库组成的字符串都被认为是公式，公式的输入可以在选中的一个单元格内，也可以在公式编辑栏中进行。

单元格的引用包括相对引用、绝对引用、混合引用和外部引用4种。引用的作用在于标识工作表上的单元格和单元格区域，并指明使用数据的位置。相对引用：如果希望当公式被复制到别的区域时，公式中引用的单元格也会随之相对应，应在公式中使用相对引用。绝对引用：如果希望当公式复制到别的区域时，公式中引用的单元格不随之相对变动，则应使用绝对引用。混合引用：相对引用和绝对引用混用在同一公式中。外部引用：在Excel中，不但可以引用同一工作表的单元格（内部引用），还能引用同一工作簿中不同工作表中的单元格，也能引用不同工作簿中的单元格（外部引用），在引用时需注明工作簿和工作表的名称。

8.1.2 利用Excel绘制标准曲线等图形

（1）数据准备。启动Microsoft Excel（以Excel 2010为例），在新建的Excel工作表中输入实验数据。

（2）插入图表。选定实验数据，单击“插入”菜单栏，选择“图表”选项中的“散点图”，根据数据类型选择散点图的显示形式，见图8-1，则会自动生成标准曲线，见图8-2。

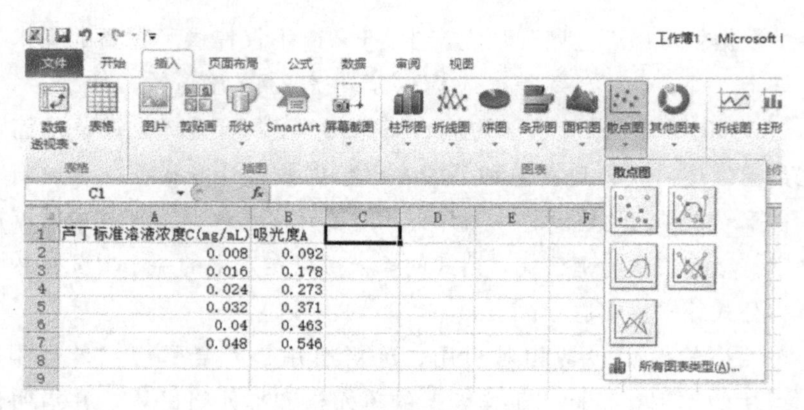

图 8-1　Excel 数据输入

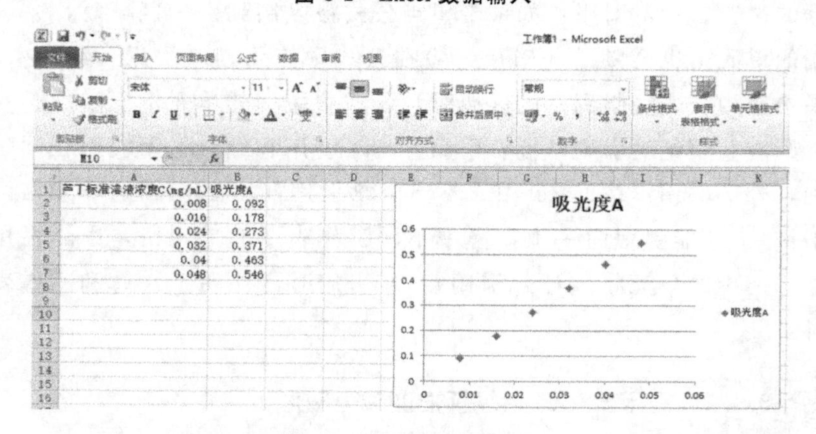

图 8-2　标准曲线的绘制

（3）输入图表基本信息。选定生成的标准曲线图形，单击“图形工具”菜单栏中“布局”，依次选择“图表标题”“坐标轴标题”“图例”和“数据标签”等，分别修改成添加标准曲线的标题、横纵坐标轴标题、图例及数据标签等。一般可以删除网格线，单一标准曲线可以删除图例，见图 8-3（a）。

（4）添加趋势线。将鼠标移至图表工作曲线的数据点上，单击鼠标右键，选择“添加趋势线”，见图 8-3（b），在弹出的“趋势线选项”对话框中选择“线性”“显示公式”“显示 R 平方值”，见图 8-3（c）；或者从“图形工具”菜单栏中“布局”→“趋势线”中选择“线性趋势线”，即可得附有回归方程的一元线性回归曲线，见图 8-3（d）。

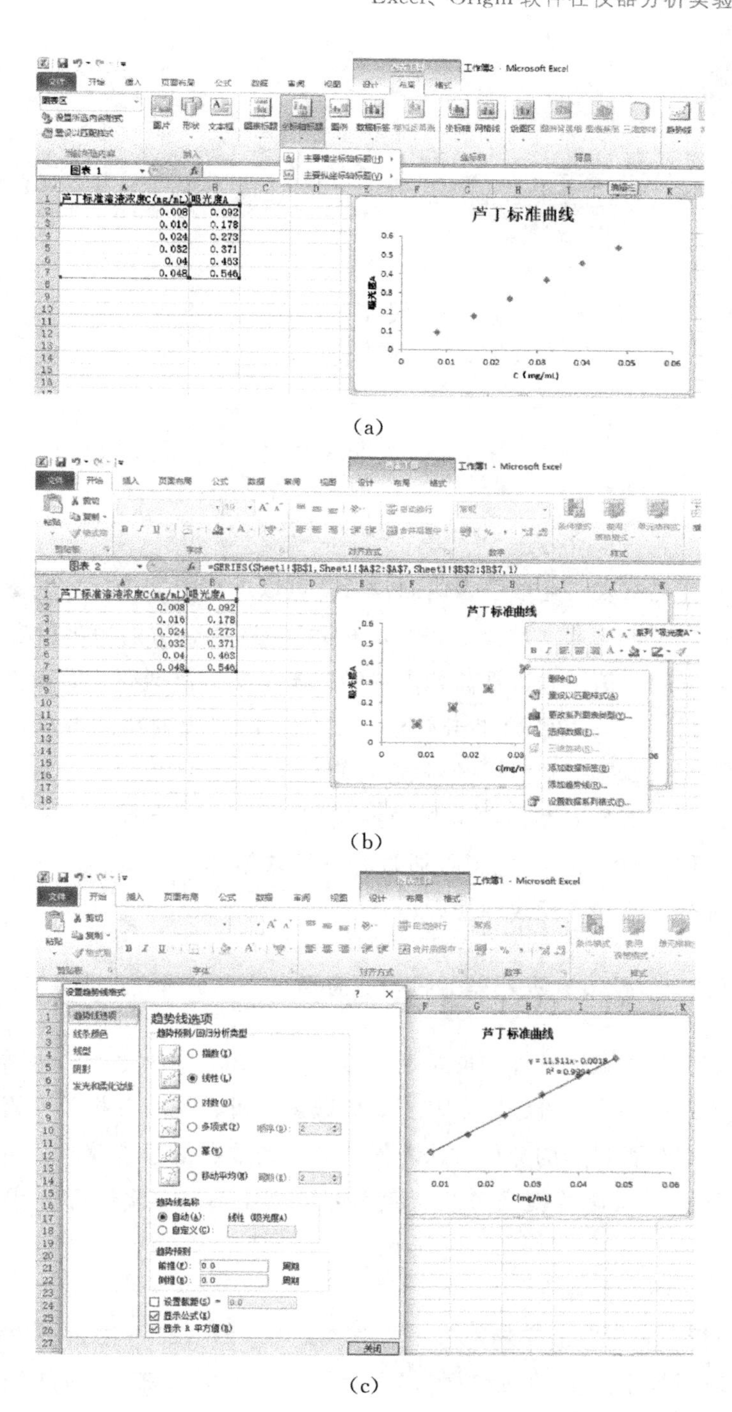
工作簿2 - Microsoft Excel
芦丁标准溶液浓度C(mg/mL)
吸光度A
0.008
0.092
0.016
0.178
0.024
0.273
0.032
0.371
0.04
0.463
0.048
0.546
芦丁标准曲线
吸光度A
C (mg/mL)
工作簿1 - Microsoft Excel
=SERIES(Sheet1!$B$1,Sheet1!$A$2:$A$7,Sheet1!$B$2:$B$7,1)
芦丁标准曲线
设置趋势线格式
趋势线选项
线性
显示公式
芦丁标准曲线
y = 11.511x - 0.0018
C(mg/mL)

(a)

(b)

(c)

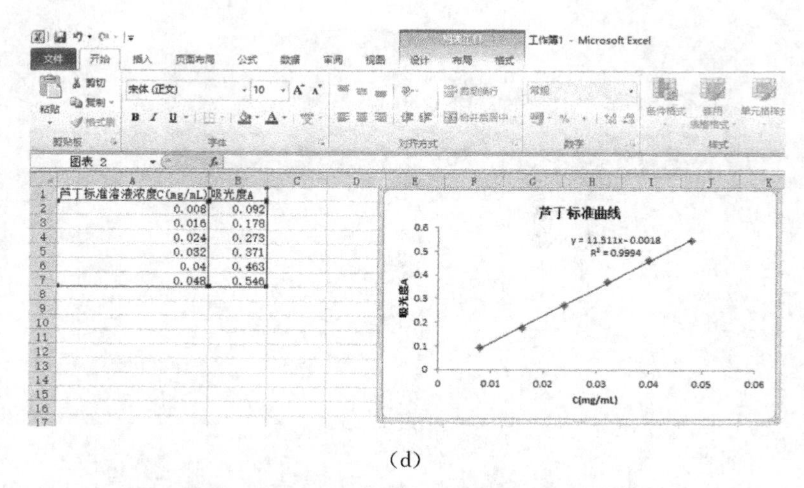

(d)

图 8-3　输入图表基本信息及添加趋势线

（5）美化图表。完成图表的制作后，可以进行图表美化。在图表区域单击鼠标右键，选择“设置图表区域格式”，选择合适的边框颜色和区城颜色等，一般取消图表边框。如需要对图表类型、数据源、图表格式等进行修改，只需在图表区域单击鼠标右键，选择相应的功能选项，或者从“图形工具”菜单栏中“设计”栏进行修改。

（6）分析工具库在回归分析中的应用：Excel“分析工具库”提供了“回归分析”分析工具，此工具通过对一组数据使用“最小二乘法”直线拟合，进行一元和多元线性回归分析。

8.1.3　Excel 在方差分析中的应用

方差分析是数理统计中的基本方法之一，是工农业生产和科学研究中分析数据的一种重要方法，是基于试验数据分析、推断各相关因素对试验结果的影响是否显著的分析方法。需要分析的数据量通常较多，引入计算机辅助分析可以显著提高分析速度和准确度，Excel 软件可应用于方差分析。

（1）分析工具库

“分析工具库”的安装：依次单击“文件”“选项”，在弹出的“Excel 选项”对话框中点击“加载项”，在“管理”框中选择“Excel 加载宏”，单击“转到”，在“可用加载宏”框中选中“分析工具库”复选框，单击“确定”后在“数据”选项卡上就会出现“数据分析”。提示如果“可用加载宏”框中没有“分析工具库”，则单击“浏览”进行查找。加载分析工具库之后，“数据分析”命令将出现在“数据”选项卡上的“分析”组中。“数据分析”命令列表中共有单因素方差分析等19种不同的分析工具可供选择，“规划求解”工具可以对有多个变量的线性和非线性规划问题进行求解，省去了人工编制程序和手工计算的麻烦。

(2) 单因素方差分析

该项工作可以使用“方差分析：单因素方差分析”工具来完成。例如，为了比较4个水稻品种对产量的影响，将一块土地分成24个小区。水稻品种记为A1，A2，A3，A4，每个品种种植于6个小区，成熟期作随机取样，得到各个小区产量（见图8-4中数据），比较这4个水稻品种的产量差异显著性。利用Excel统计分析步骤如下：

输入数据，选取工具栏中的“数据分析”，调出“方差分析：单因素方差分析”对话框（图8-4）。输入区域，在此输入待分析数据区域的单元格引用，该引用必须由两个或两个以上按列或行组织的相邻数据区域组成。本例为“＄B＄2：＄G＄5”。

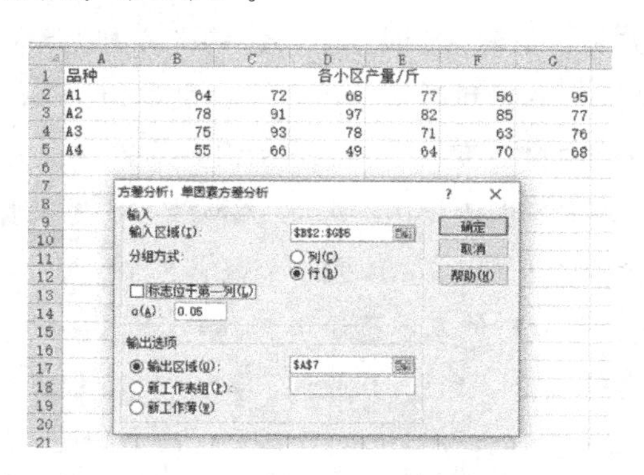

品种	各小区产量/斤					
A1	64	72	68	77	56	95
A2	78	91	97	82	85	77
A3	75	93	78	71	63	76
A4	55	66	49	64	70	68

图 8-4 单因素方差分析对话框

分组方式：指出输入区域中的数据是按行还是按列排列，单击“行”或“列”。本例分组方式为“行”。

标志位于第一行/列：如果输入区域的第一行中包含标志项，选中“标志位于第一行”复选框；如果输入区城的第一列中包含标志项，请选中“标志位于第一列”复选框；如果输入区域没有标志项，则该复选框不会被选中，Excel 将在输出表中生成适宜的数据标志。

α 值：在“α”处输入计算 F 统计临界值的置信度。本例为“0.05”。本例分组方式为“行”方式，因为四种水稻的品种在各区的产量是按行排列的。单击“确定”按钮，可得方差分析表（图 8-5）。

	A	B	C	D	E	F	G
1	品种			各小区产量/斤			
2	A1	64	72	68	77	56	95
3	A2	78	91	97	82	85	77
4	A3	75	93	78	71	63	76
5	A4	55	66	49	64	70	68
6							
7	方差分析：单因素方差分析						
8							
9	SUMMARY						
10	组	观测数	求和	平均	方差		
11	行 1	6	432	72	178		
12	行 2	6	510	85	60.4		
13	行 3	6	456	76	97.6		
14	行 4	6	372	62	67.6		
15							
16							
17	方差分析						
18	差异源	SS	df	MS	F	P-value	F crit
19	组间	1636.5	3	545.5	5.406343	0.006876	3.098391
20	组内	2018	20	100.9			
21							
22	总计	3654.5	23				

图 8-5　单因素方差分析结果

图 8-5 是单因素方差分析结果报告，其中 SUMMARY 是相关样本的阐述统计量，在方差分析表中，差异源分为组内误差和组间误差。其中，SS 表示误差平方和，组间 SS 即为组间误差平方和 SS_R，组内 SS 即为组内误差（随机误差）平方和 SS_E。df 为自由度，组间 df 即为组间自由度 f_R，组内 df 即为组内自由度 f_E。MS 表示误差均方，组间 MS 即为组间误差均方 MS_R，组内 MS 即为组内误差均方 MS_E。F 为检验统计量的 F 值，P-value 为用于检验的 P 值，Fcrit 为给定显著水平 α 下的临界值。

根据单因素方差分析的基本理论可知，若 $F<F_\alpha$（f_R，f_E），那么原假设成立；如果 $F\geqslant F_\alpha$（f_R，f_E），则原假设不成立。从图 8-5 的方差分析表中可以得出 $F=5.406\ 343$，F_α（f_R，f_E）$=3.098\ 391$，显然 $F>F_\alpha$，拒绝原假设，因而可认为因素 A 即水稻品种对产量有高度显著的影响。

也可以直接利用 P 值与显著性水平 α 进行比较。若 $P<\alpha$，则拒绝原假设；若 $P>\alpha$，则不能拒绝原假设。本例中，可得到 $P=0.006\ 876<0.05$，所以拒绝原假设，表明因素 A 即水稻品种对产量有高度显著的影响。

（3）无交互作用下的双因素方差分析

该项工作可以使用“方差分析：无重复双因素分析”工具来完成，分析步骤如下（图 8-6）。输入数据，调出“方差分析：无重复双因素分析”对话框。该工具对话框设置与单因素方差分析类似。要注意，本例中“标志”复选框被选中，输入区域必须包括 A 因素与 B 因素的水平标志（如“学生一”“学生四”“试剂 B”等）所在的单元格区域，也即输入区域为“$A$1：$E$4”，而不是只包括数据的单元格区域“$B$2：$E$4”。单击“确定”按钮，得到方差分析表。

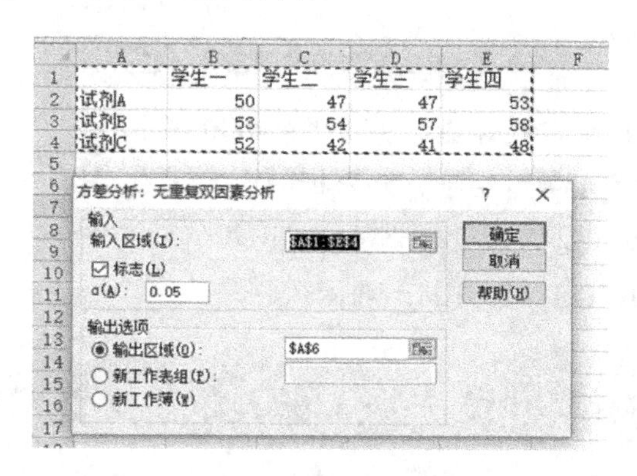

图 8-6　无交互作用下的双因素方差分析

（4）有交互作用的双因素方差分析

该项工作可以使用“方差分析：可重复双因素方差分析”工具来完成，分析步骤如下（图 8-7）。

输入数据，其中 B2：B3 单元格存放的是在“A1”与“B1”因素水平共同作用下 2 次实验所得的结果；E8：E7 单元格存放的是在“A4”与“B4”因素水平共同作用下 2 次实验所得的结果，其余类推。

调出“方差分析：可重复双因素分析”对话框，该分析工具对话框与单因素方差分析对话框基本相同，只是多了一个“每一样本的行数”编辑框，其中输入包含在每个样本中的行数。本例中，在每种不同因素、水平组合下，分别进行了 2 次实验，因此“每一样本的行数”为“2”。每个样本必须包含同样的行数。另外，在该分析工具对话框中去掉了“标志位于第一行”复选框，但要注意输入区域必须包括因素水平标志所在的单元格区域，也即输入区域为“$A$1：$E$9”，而不只是包括数据的单元格区域“$B$2：$E$9”。单击“确定”按钮，得到方差分析表。

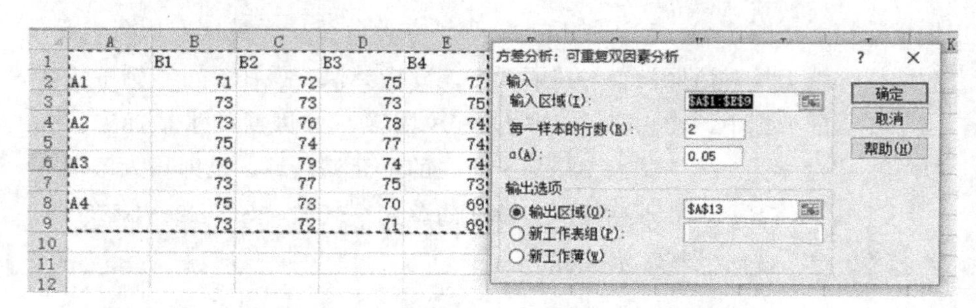

图 8-7　有交互作用的双因素方差分析

（5）Excel 内置函数在方差分析中的应用

Excel 提供了多种可用于方差分析的内置函数，如 FDIST（返回 F 概率分布）、FINV（返回 F 概率分布的反函数值）、FTEST（返回 F 检验的结果），COVAR（返回协方差）等函数。

8.2　Origin 在实验数据处理中的应用

Origin 为 Origin Lab 公司出品的专业函数绘图软件，主要包括统计、信号处理、图像处理、峰值分析和曲线拟合等各种完善的数学分析功能。Origin 绘图是基于模板的，本身提供了几十种二维和三维绘图模板且允许用户定制模板。可以导入 ASCII、Excel 等多种数据，可以把 Origin 图形输出成 JPEG、GIF、TIFF 等多种格式的图像文件，采用直观的、图形化的、面向对象的窗口菜单和工具栏操作，非常方便。

（1）数据输入

① 键盘输入数据：打开 Origin 8.0 软件后，在工作表格 Worksheet 中通过手工或粘贴输入数据（图 8-8）。

② 文件中导入数据：菜单“File→Import→Import Wizard”，Origin 将根据数据的设置按要求导入工作表。

③ 用函数或数学表达式设置列的数值：先填加一新列；点击鼠标右键选择“Set Column Values”命令。

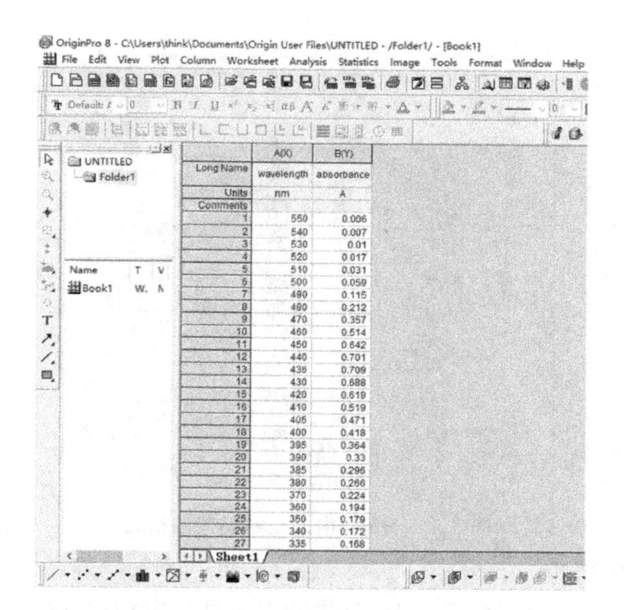

图 8-8　输入数据后的工作表窗口

(2) 调整工作表格的基本操作

① 增加列：菜单"Column-Add New Columns"，或者单击面板上的按钮 ，在右侧添加新的数据列。

② 改变列的格式：在数据列的顶端把全列选定变黑，点击菜单"Column→Set AS…"命令设置，将列指定为"X""Y""Z""Error""Label"等（图 8-9）。

③ 插入列：欲在表格指定位置处插入一列，则将其右侧的一列选定，然后点击菜单"Edit→Insert"增加新列。

④ 移动列：在数据列的顶端把全列选定变黑，点击鼠标右键选择"Move Columns"命令。

⑤ 删除列：在数据列的顶端把全列选定变黑，点击鼠标右键选择"Delete"命令。

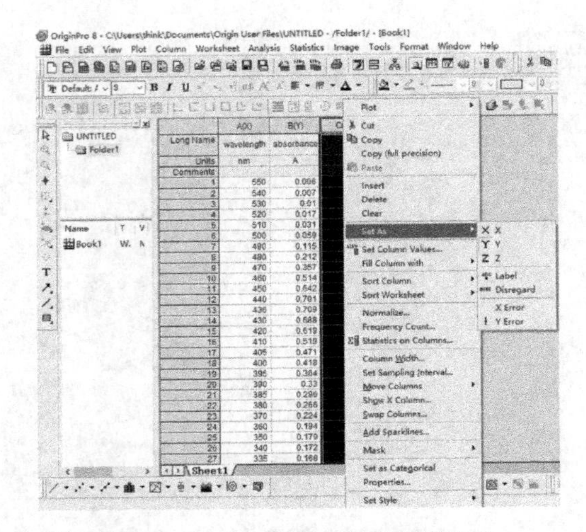

图 8-9　Origin 中改变数据列的格式

(3) 数据绘图

高亮度选中绘图数列，然后单击绘图工具栏中相应的命令按钮。常用的绘图按钮有二维线 (Line)、散点图 (Scatter) 和线＋点图 (line＋symbol)（图 8-10)。X 坐标轴和 Y 坐标轴分别以工作表 A (X) 和 B (Y) 的 “long Name” 标签处名称命名。如果需要绘制双纵坐标图形则点击 “Plot→Multi-Curve→Double-Y”；或者绘好图后点鼠标右键，选择 “Add Layer”，在子菜单中选择 “Right Y” 即可。

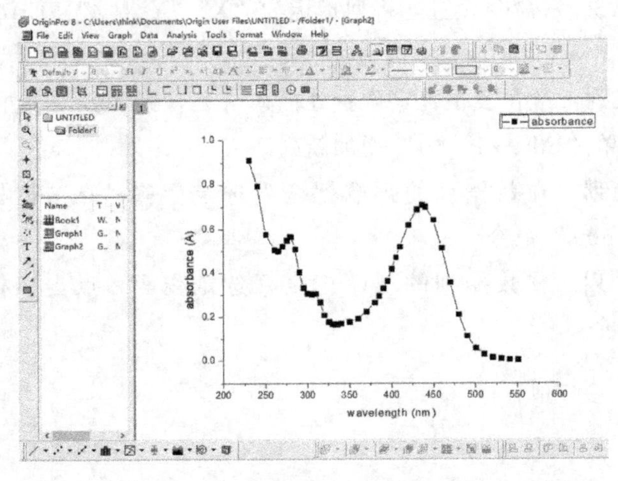

图 8-10　用工作表数据绘制曲线

(4) 数据分析

在数据列的顶端把全列选定变黑，鼠标右键选择“Statistics on columns”命令，在新的对话框中得到最小值（Minimum）、最大值（Maximum）、平均值（Mean）和标准方差（Standard Deviation）等。

(5) 数据拟合

① 选中要拟合的曲线：如果要进行分段拟合，则先选择拟合数据范围，单击“Tools”工具条的“Data Selector”按钮，则在激活的曲线两端数据点上各出现一个数据选择按钮，单击该按钮，按住鼠标左键将其拖到要拟合的数据区间的起始点和终点，再选择按钮间的数据即被选择。

②选择拟合回归方法：点击“Analysis”相应下拉菜单（图8-11）。

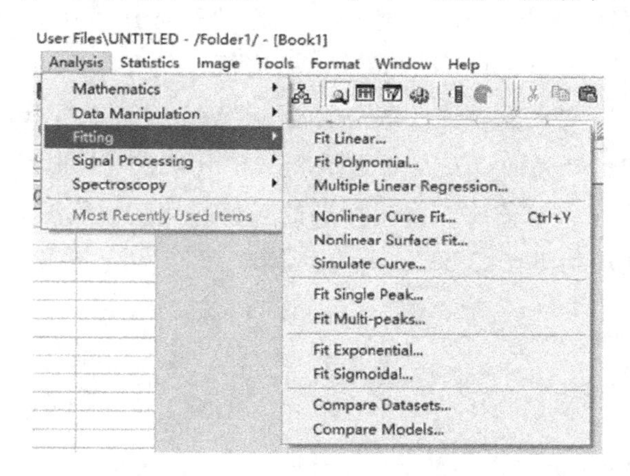

图8-11　Analysis下拉菜单

线性拟合：绘制散点图。在图形窗口单击“Analysis→Fitting→Fit Linear”，得到线性拟合的直线，以及直线的斜率（Slope）和截距（Intercept），并在新的窗口中给出更加详细的统计学描述。

多项式拟合：在图形窗口点击菜单“Analysis→Fitting→Fit Polynomial”，在新窗口中选定多项式的级数“Polynomial Order”，允许值为1～9，得到多项式拟合曲线，以及多项式的各级系数，并在新的窗口中给出更加详细的数学描述。拟合的结果满足最小二乘法，如图8-11所示。

高级非线性拟合：Origin还提供了非线性最小平方拟合（Nonlinear Least Squares Fitter，NLSF），它是Origin中功能最强大、最复杂的数据拟合工具，包含了200多个函数供选择。

（6）图形编辑

直接绘制得到的图存在较多缺陷，如坐标轴含义不明确、坐标轴刻度不美观、不同曲线数据点显示符号容易混淆等，需要进一步对图形进行格式编辑。

① 编辑坐标轴：对坐标轴的基本编辑可以通过打开坐标轴对话框来实现，双击坐标轴，或右键单击坐标轴，选择快捷菜单命令“Scale”“Tick Labels”或“Properties”，打开坐标轴对话框后，就可以修改当前选中的坐标轴，坐标轴名称及图层号显示在对话框的标题上。

Title & Format 选项卡（编辑坐标轴标题及格式）：双击X坐标轴打开坐标轴对话框，“Selection”复选框为坐标轴的选择，默认选择“Bottom”坐标轴。勾选“Show Axis&Ticks”复选框，则显示坐标轴，否则不显示，在“Title”文本框内键入X轴标题；“Major”和“Minor”主要设置主、副刻度的里外朝向以及是否显示刻度；分别在“Color”“Thickness”“Major Tick”下拉列表中选择坐标轴的颜色、宽度和刻度的长度。如将X轴主、副刻度均朝里，“Thickness”可修改为2，设置界面见图8-12。

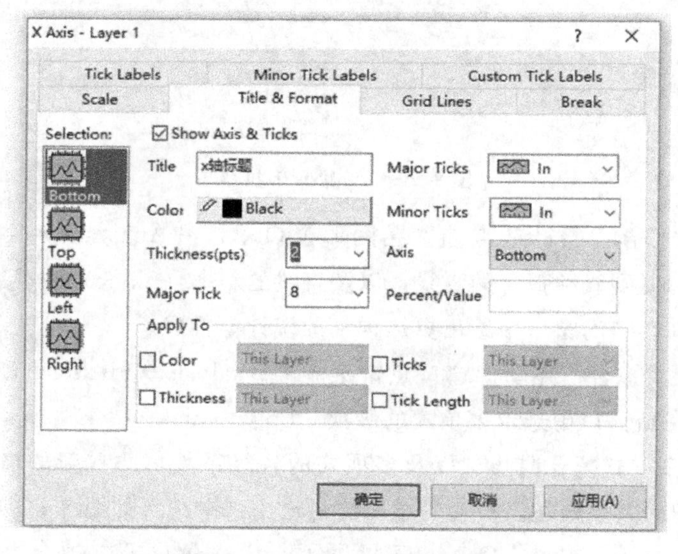

图 8-12　Title & Format 选项卡

Tick Labels选项卡（设置坐标刻度）：“Type”数据类型；“Display”数据格式，如十进制、科学计数法等；“Divideby”整体数值除以一个数值，默认为除以1000倍；“Set decimal places”选中后，填入数字即为坐标轴数值的小数位数；“Prefix/Suffix”标签前缀/后缀，例如可以填入单位；“Font”为字体设置，可以设置格式、大小、颜色等；“Apply To”为各种设置应用的范围。

Scale选项卡（设置坐标轴刻度）：左边“Selection”复选框默认选择“Vertical”，在“From”和“To”文本框内分别输入刻度最小值和最大值来改变坐标轴显示范围；“Increment”文本框内数值表示坐标轴递增步长；“Minor”后数值表示主刻度间要显示的次坐标刻度的数目，见图8-13（a）。

Break选项卡（设置坐标轴的断点）：然后把“Show Break”打上“√”，这时“Break Reagion”组变成可以编辑，在“From”和“To”文本框中分别输入打断的起始和终点X坐标，“Break Position”下输入断点所在坐标轴的位置，以百分率表示，“50%”表示从中间打断，见图8-13（b）。

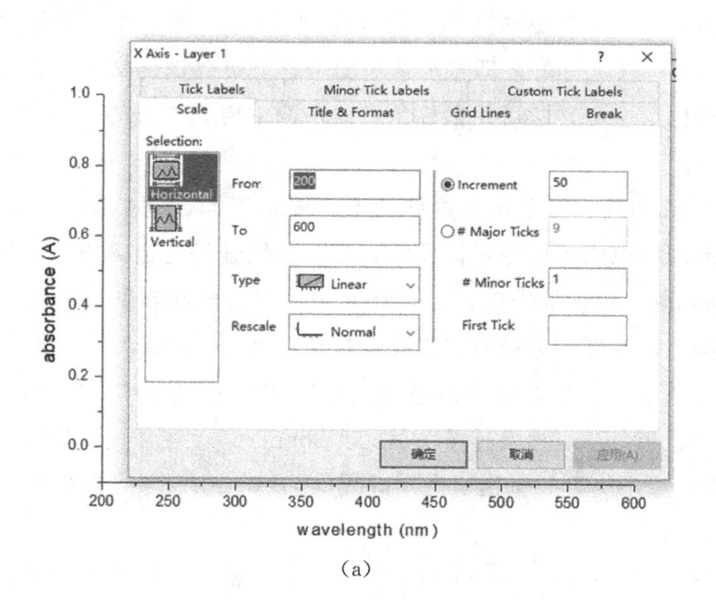

（a）

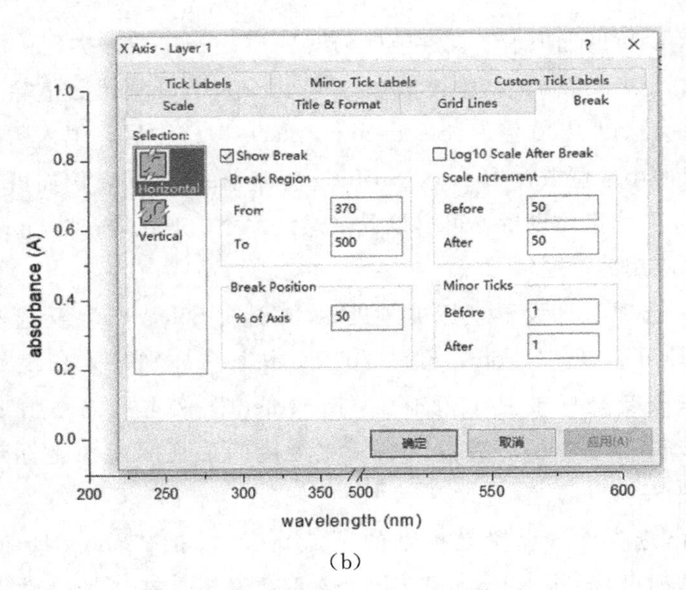

(b)

图 8-13　Scale 及 Break 选项卡

② **编辑图例**：制图会自动添加图例，“Origin”中图例默认文本是对应的“Worksheet”列标签，如果没有列标签则是列标题；但如果添加其他图形时，一般不会更新图例，可以在“Graph”窗口中右键选择快捷菜单命令“New Legend”，即可编辑新图例；要更改图例文本，方法是用鼠标双击图例上文本，然后用鼠标从右向左选中需要更改的图例文本，重新输入即可。

③ **编辑曲线**：对于多条曲线图形，要求不同曲线数据点的图例或连线类型不同，以明确区分不同曲线，需对曲线进行适当编辑，曲线编辑在“Plot Details”对话框中进行，打开方法：双击要编辑的数据曲线或曲线的图例标志，在图形区域右键选择快捷菜单命令“Plot Details”。

Line 选项卡：当曲线类型是“Line”或含有“Line”时，可以设置线条、宽度、颜色、风格及连接方式。“Connect”为数据点间的连接方式，“Style”为线条类型，包括实线、虚线等，“Width”为线条宽度，“Color”为颜色，见图 8-14（a）。

选中“Fill Area Under Curve”复选框，相应的下拉列表中有“Normal”等 5 个选项，各选项的含义在其右方的图形示例中形象说明，根据需要选择即可。选中 “Gap to Symbol” 复选框，设置数据符号和数据连线间的间隙；若不选，则激活下面的两种线条显示方式选项，其中 “Draw Line in Front” 复选框表示连线在符号的前面，若符号是中空时连线将穿过数据符号，相反 “Draw Line Behind” 复选框表示连线在符号的后面。

Symbol 选项卡：当曲线类型是 “Scatter” 或含有 “Scatter” 时，“Plot Deal” 对话框中出现 “Symbol” 选项卡。化工实验数据一般都用 “Scatter” 或含有 “Scatter” 的类型来绘图，一般默认值即可，见图 8-14（b）。

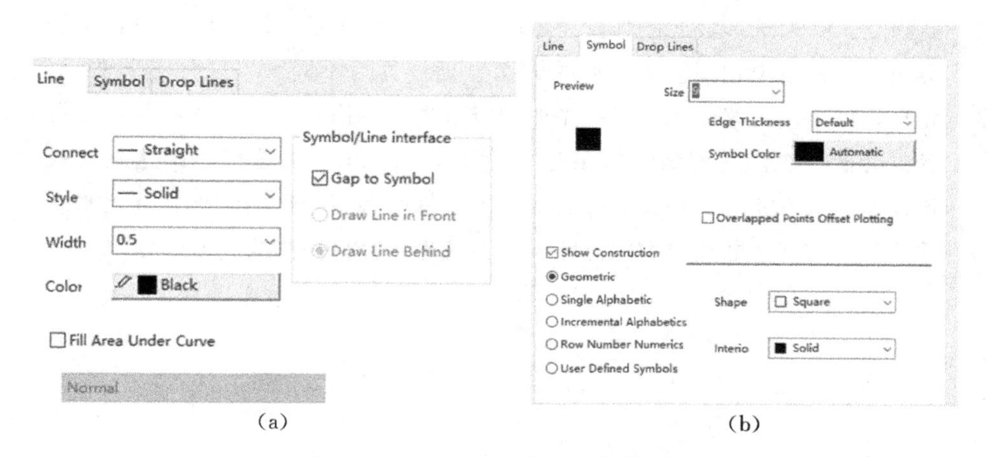

（a） （b）

图 8-14 Plot Details 曲线设置对话框

“Size” 设置符号的大小，“Show Construction” 复选框选中，则下方出现相应的复选框，其中 “Geometric” 为几何符号，“Single Alphabet” 为希腊符号，“Incremental Alphabet” 为递增希腊符号，“Row Number Numerics” 为行号，“User Defined Symbol” 为自定义符号。选中不同的复选框，其右边相应产生对应的选项，如图 8-14 选择几何符号，则右边出现 “Shape” 复选框，在其中可以选择几何形状，“Interical” 为选择填充方式；当选择空心符号时，“Edge Thickness” 为符号的边宽和半径的比例，以 “%” 表示；“Edge Color” 设置符号周边颜色，点击颜色按钮出现下拉颜色选项，点击合适的颜色进行设置；“Fill Color” 设置填充颜色，方法同 “Edge Color” 设置。

如果在曲线中有重合的数据点，选中 “Overlapped Points Offset

Plotting”复选框，则重复的数据点在 X 方向上错位显示。

Drop Lines 选项卡：当曲线类型是“Scatter”或含有“Scatter”时，“Plot Details”对话框中出现“Symbol”选项卡，选中“Horizontal”或“Vertical”复选框，则在图中会添加水平线或垂线，选中后，下方的控制线条的样式、宽度和颜色选项则被激活，在其中进行相应的设置；如果曲线中数据较多，可选中“Skip Points”复选框并在后填入数字（>1），表示间隔数据个数，比如“3”，则只显示第 1，4，7 等数据。

Group 选项卡：主要设置在同一图中的多条曲线是否成组，即是否彼此独立。如果选择彼此不独立“dependent”，则多条曲线在绘制时，系统会根据用户设定在颜色、线型等方面自动设置为不同，以区分不同曲线；并且，如果用户修改了任意一条曲线或数据点的格式，其他的曲线或数据点也会被系统随之修改。如果选中“Independent”复选框，则这些曲线和数据点均不相关，任意曲线或数据点的修改将不会影响其他，甚至修改后的效果与其他曲线或数据点相同，系统也不会自动修改其他部分。

参考文献

[1] 谷春秀. 化学分析与仪器分析实验. 北京：化学工业出版社，2012.

[2] 万其进，喻德忠，冉国芳. 仪器分析实验. 北京：化学工业出版社，2008.

[3] 黄一石，吴朝华，杨小林. 仪器分析. 第三版. 北京：化学工业出版社，2014.

[4] 吴菊英. 仪器分析操作与实训. 北京：化学工业出版社，2012.

[5] 王学东，吴红. 仪器分析试验. 山东：山东人民出版社，2015.

[6] 白玲，石国荣，罗盛旭. 仪器分析试验. 北京：化学工业出版社，2010.

[7] 黄丽英. 仪器分析试验指导. 厦门：厦门大学出版社，2014.

[8] 李志富，干宁，颜军. 仪器分析试验. 武汉：华中科技大学出版社，2012.

[9] 张威，赵斌. 仪器分析实训. 北京：化学工业出版社，2010.

[10] 董社英. 现代仪器分析试验. 北京：化学工业出版社，2008.

[11] 唐仕荣. 仪器分析实验. 北京：化学工业出版社，2016.

[12] 方安平，叶卫平. Origin 8.0 实用指南. 北京：机械工业出版社，2018.

[13] 刘春. 精细化学品分析. 北京：化学工业出版社，2015.

[14] 曲祖乙，刘靖. 食品分析与检验. 北京：中国环境科学出版社，2012.

[15] 许原. 气相色谱法测定白酒中甲醇含量优化. 云南民族大学学报（自然科学版），2015，24（6）.

[16] 杨志国，戴坤富，殷丽荣，等. 气相色谱法测定白酒中甲醇含

量. 江苏预防医学，2006，17 (3).

[17] 王延云，胡强，李超豪，等. 气相色谱测定白酒中乙酸乙酯含量的方法. 食品研究与开发，2013，34 (16).

[18] 郗艳丽，葛红娟，王长文，等. 气相色谱法检测蔬菜中7种有机磷农药残留. 食品研究与开发，2015，36 (21).

[19] 杨英桂，马玉花，田种存. 气相色谱法测定蔬菜中多种有机磷农药残留量方法的研究. 青岛大学学报（自然科学版），2014，32 (6).

[20] 吴卫涛. 高效液相色谱法测定对乙酰氨基酚片的含量. 中国医药导报，2009，6 (15).

[21] 高娟，贾艺琦，唐素芳. 高效液相色谱法测定氢化可的松注射液的含量. 天津药学，2009，21 (1)。

[22] 刘红卫. 高效液相色谱法测定肉及肉制品中苯甲酸、山梨酸. 中国卫生检验杂志，2006，16 (12).